U0459961

高职高等数学教学理念与方法创新研究

胡庆华 ◎ 著

吉林出版集团股份有限公司

图书在版编目（CIP）数据

高职高等数学教学理念与方法创新研究 / 胡庆华著.
长春 : 吉林出版集团股份有限公司，2024. 8. -- ISBN
978-7-5731-5856-7

Ⅰ. 013-4

中国国家版本馆CIP数据核字第2024PF3616号

高职高等数学教学理念与方法创新研究

GAOZHI GAODENG SHUXUE JIAOXUE LINIAN YU FANGFA CHUANGXIN YANJIU

著　　者	胡庆华
责任编辑	张继玲
封面设计	林　吉
开　　本	787mm×1092mm　　1/16
字　　数	178 千
印　　张	13
版　　次	2024 年 8 月第 1 版
印　　次	2024 年 8 月第 1 次印刷
出版发行	吉林出版集团股份有限公司
电　　话	总编办：010-63109269
	发行部：010-63109269
印　　刷	廊坊市广阳区九洲印刷厂

ISBN 978-7-5731-5856-7　　　　　　　　　　　定价：78.00 元

版权所有　侵权必究

前　言

在当今社会，随着科技的飞速发展和全球化竞争的日益激烈，高等职业教育作为培养高素质技术技能人才的重要阵地，其教学质量与教学方法的革新显得尤为重要。高职高等数学作为高职教育不可或缺的基础学科，不仅承载着传授数学基础知识的重任，更肩负着培养学生的逻辑思维能力、创新能力和解决实际问题能力的使命。然而，长期以来，高职高等数学教学在理念、内容、方法等方面存在诸多不足，难以适应新时代对人才培养的需求。因此，对高职高等数学教学理念与方法进行深入研究与创新，已成为当前高职教育领域亟待解决的重要课题。

本书深入探讨了高职高等数学教学的全面改革与创新。从教学理念、方法、内容、评价体系到教学资源，逐一提出创新策略。以就业为导向，强调实践能力与创新能力培养，跨学科融合，旨在提升学生的职业素养。以任务驱动、翻转课堂、探究式学习等多元化教学方法，激发学生的兴趣，提高教学效果。一方面，教学内容优化，引入行业案例，加强数学建模与数据分析能力。另一方面，构建多元化评价体系，结合过程性与结果性评价，引入学生自评与互评。同时，开发优化教学资源，构建在线学习平台，整合数字资源，改善教学环境。全面推动高职高等数学教学现代化，为培养高素质技术技能人才贡献力量。

高职高等数学教学理念与方法的创新是提升教学质量、培养高素质技术技能人才的重要途径。通过树立以学生为中心的教学理念、强化数学应用意识、注重数学文化与人文精神的融合以及实施案例教学法等创新教学方法，可以激发学生的学习兴趣和主动性，提高教学效果和学习效果。同时，加强教师培训与交流、建立教学研究与改革激励机制以及构建教师团队等措施的实施，可以为教学创新提供有力保障。

由于笔者水平有限，本书难免存在不妥甚至谬误之处，敬请广大学界同人与读者朋友批评指正。

胡庆华

2024 年 1 月

目　录

第一章　高职高等数学教学概述

第一节　高职高等数学基础知识体系

一、微积分基础

（一）极限理论：微积分大厦的基石

在高职高等数学教学中，极限理论占据着举足轻重的地位，它是理解微积分概念与方法的出发点。极限理论不仅探讨了函数在某一特定点附近的行为趋势，还深入分析了函数在无穷远处的性态，为后续的导数、积分等概念奠定了坚实的理论基础。通过极限，我们能够精确描述"趋近"这一概念，即当自变量无限接近某个值时，函数值将如何变化。这种思想方法不仅在数学得到广泛应用，它还深刻影响着物理学、经济学等多个学科领域。

在教学过程中，教师需引导学生理解极限的"$\varepsilon\text{-}\delta$"定义，尽管这一定义较为抽象，但它提供了判断极限存在与否的严格标准。同时，通过具体函数极限的计算练习，如利用洛必达法则、泰勒展开式等工具，帮助学生掌握求解极限的多种技巧，从而加深对极限思想的理解和应用能力。

（二）导数与微分：变化率的量度

导数作为微积分学的核心概念之一，它揭示了函数在某一点上的瞬时变化率，是分析函数局部性质的重要工具。在高职高等数学教学中，导数的教学不仅限于定义和基本性质的学习，更强调其在实际问题中的应用。例如，在物理学中，导数可用来描述速度、加速度等物理量的变化；在经济学中，则可用来分析边际成本、边际收益等经济指标。为了让学生更好地掌握导数概念，教学中应注重直观解释与严格证明的结合。通过几何直观展示切线斜率与导数的关系，同时引入导数的定义、计算法则（如乘法法则、链式法则）以及高阶导数的概念，使学生能够从不同角度理解导数的本质。此外，通过大量的练习和对实际应用案例的分析，帮助学生提高求导能力和运用导数解决问题的能力。

（三）不定积分与定积分：累积效应的量化

不定积分与定积分是微积分学的两大分支，它们分别解决了不同类型的累积效应问题。不定积分主要关注求取函数的原函数族，而定积分则在此基础上进一步求解函数在一定区间上的累积效应（如面积、体积等）。在高职高等数学教学中，这两部分内容的教学旨在培养学生的积分运算能力和应用积分解决实际问题的能力。

对于不定积分的教学，应重点讲解基本积分公式、换元积分法、分部积分法等常用积分技巧，并通过大量的练习使学生熟练掌握这些技巧。同时，还应引导学生理解不定积分与反导数之间的关系，以及积分常数的意义。对于定积分的教学，则应注重定积分概念的引入和几何意义的解释，同时介绍定积分的计算方法和性质（如可加性、积分中值定理等）。通过实际问题（如曲边梯形面积计算、物理量的累积效应分析等）的求解过程，帮助学生掌握定积分的应用方法。

（四）级数理论：无穷世界的探索

级数理论是微积分的推广和深化，它研究的是无穷数列的和以及函数的无穷级数展开。在高职高等数学教学中，级数理论的教学主要包括数列的收敛性判断、级数的收敛性判别法、幂级数与傅里叶级数等内容。这些知识不仅在数学中有着广泛的应用（如求解微分方程、逼近函数等），而且在物理、工程等领域发挥着重要作用。在教学过程中，教师应注重级数概念的引入和收敛性判别法的讲解。通过具体例子的分析（如等比数列求和、交错级数等），帮助学生理解级数的收敛性和发散性。同时，还应介绍幂级数的性质、运算以及泰勒级数、傅里叶级数等重要的级数展开方法。通过这些内容的学习，学生可以更深入地理解无穷世界的奥秘，并学会利用级数理论解决实际问题。

（五）多元函数微积分：多维空间的探索

多元函数微积分是微积分学在多维空间中的推广和发展。它研究的是具有多个自变量的函数的变化规律和性质，包括偏导数、全微分、二重积分、三重积分以及曲线积分和曲面积分等内容。在高职高等数学教学中，这部分内容的教学旨在培养学生的空间想象能力和多维空间中的微积分运算能力。

为了让学生更好地掌握多元函数微积分知识，在教学中应注重直观解释与抽象推理的结合。通过三维图形的展示和几何直观的解释，帮助学生理解多元函数的图像和性质。同时，还应详细介绍偏导数的定义和计算方法、全微分的概念和性质以及各类积分的计算方法（如直角坐标系下的二重积分、极坐标系下的二重积分等）。通过大量的练习和对实际应用案例的分析（如物理中的力场分析、经济学中的多元投入产出分析等），帮助学生提高解决多维空间中微积分问题的能力。

二、线性代数基础

（一）向量与矩阵：构建线性代数的基石

在线性代数这一广阔领域中，向量与矩阵无疑是最为基础且核心的概念。

向量，作为具有大小和方向的量，其定义不仅限于物理空间中的箭头表示，更抽象地，它可以是任何满足特定运算规则的元素集合。在高职高等数学教学中，向量被引入以帮助学生理解多维空间中的几何结构与数量关系。向量的基本运算包括加法、数乘以及点积与叉积（在三维空间中），这些运算为后续的线性方程组、线性变换等提供了基本的代数工具。

矩阵作为线性代数中的另一大支柱，是向量按一定方式排列成的矩形阵列。矩阵的运算远比向量复杂，包括加法、数乘、乘法（包括矩阵与矩阵相乘、矩阵与向量相乘）以及求逆（对于非奇异矩阵）等。矩阵运算不仅保留了向量的基本性质，还进一步揭示了向量之间更为复杂的线性关系。在高职高等数学教学中，矩阵的引入旨在培养学生的抽象思维能力和代数运算技巧，为后续解决复杂问题打下坚实的基础。

（二）线性方程组：解的存在性、唯一性与求解方法

线性方程组是线性代数中用于描述多个变量间线性关系的重要工具。在高职高等数学教学中，学生将学习如何判断线性方程组解的性质，包括无解、有唯一解或有无穷多解。克拉默法则作为求解线性方程组的一种古典方法，尽管在实际计算中因计算量大而较少被使用，但其理论价值在于揭示了方程组解与系数行列式之间的关系，有助于学生对线性方程组解的性质有更深的理解。

高斯消元法则是求解线性方程组的一种更为实用且高效的方法。该方法通过行变换（如加减消元）将方程组转化为上三角形式，进而逐步求解出各个未知数的值。在高职高等数学教学中，高斯消元法不仅能让学生明白具体的操作步骤，更重要的是能够培养学生面对复杂问题时如何将其分解为简单子问题的能力。

（三）特征值与特征向量：矩阵变换的"指纹"

特征值与特征向量是矩阵理论中的核心概念，它们揭示了矩阵在特定方

向上的变换特性。一个矩阵的特征值是该矩阵在变换过程中保持不变的伸缩比例，而对应的特征向量则是这些方向上的"不动点"。通过特征值与特征向量的分析，可以对矩阵进行对角化，即找到一个可逆矩阵，使得原矩阵经过该矩阵的变换后成为对角矩阵。对角化是简化矩阵运算、理解矩阵性质的重要手段，在高职高等数学教学中占据着重要地位。

（四）线性空间与线性变换：从具体到抽象的飞跃

线性空间是向量空间的抽象化表达，它定义了一组元素及其上的线性运算（加法和数乘）规则。线性变换则是线性空间内元素到元素的一种映射，它保持加法和数乘运算的封闭性。在高职高等数学教学中，学生将学习线性空间的基本性质，如维数、基与坐标表示等，以及线性变换的矩阵表示、特征值与特征向量的应用等。这一过程不仅深化了学生对线性代数基本概念的理解，也培养了他们的抽象思维能力和逻辑推理能力。

（五）二次型与矩阵合同：优化与分类的视角

二次型是线性代数与数学分析交叉领域的一个重要概念，它描述了一个变量二次齐次多项式的形式。通过矩阵合同变换，可以将二次型化为标准形（即只含平方项的形式），这一过程在优化理论、统计学、物理学等多个领域有着广泛应用。矩阵合同是保持矩阵二次型不变的一种等价关系，通过合同变换，可以对矩阵进行分类，进而研究其性质。在高职高等数学教学中，学生将学习如何通过矩阵合同变换化简二次型，理解其背后的几何意义与代数结构，为后续深入学习相关领域的知识打下基础。

三、概率论与数理统计

在高职高等数学的教学体系中，概率论与数理统计是一门至关重要的课程，它不仅为学生提供了处理随机现象和数据分析的数学工具，还培养了他们的逻辑思维能力和科学决策能力。

（一）随机事件与概率：揭开随机性的面纱

随机事件是概率论研究的基本对象，它指的是在一定条件下，并不总是出现相同结果的现象。在高职高等数学教学中，首先，需明确随机事件的定义，并引导学生理解其特性，如互斥性、独立性等。其次，通过古典概型、几何概型等具体模型的介绍，让学生掌握计算概率的基本方法，如概率的加法公式、乘法公式等。此外，还需深入探讨概率的基本性质，如概率的非负性、规范性、可加性等，为学生的后续学习奠定坚实的基础。

（二）随机变量与分布：量化随机现象的规律

随机变量是连接随机事件与数学分析的桥梁，它使得我们可以使用数学工具来描述和分析随机现象。在高职高等数学教学中，随机变量被分为离散型和连续型两大类，它们分别对应着不同的分布函数和密度函数。在教学中，应详细介绍各类随机变量的定义、性质及其分布特征，如二项分布、泊松分布、正态分布等。通过图表展示和计算示例，帮助学生直观地理解随机变量的分布规律，并使其学会根据实际问题选择合适的分布模型。

（三）数字特征：刻画随机变量的统计特性

为了更加全面地描述随机变量的统计特性，我们需要引入一系列的数字特征，如期望、方差、协方差等。这些数字特征不仅反映了随机变量的平均水平、波动程度以及变量间的相关关系，还为后续的统计分析提供了重要依据。在高职高等数学教学中，应详细讲解这些数字特征的定义、计算公式及其性质，并通过具体例子说明它们在实际问题中的应用。同时，还应引导学生理解数字特征的局限性，避免盲目依赖数字特征进行决策。

（四）参数估计与假设检验：基于数据的推断与决策

参数估计是统计推断的核心内容之一，它旨在根据样本数据对总体参数进行估计。在高职高等数学教学中，应介绍点估计和区间估计两种基本方法，并讲解其背后的统计思想和计算步骤。同时，还需介绍假设检验的基本原理和步骤，包括原假设和备择假设的设定、检验统计量的构造、拒绝域的确定以及检验结论的解读等。通过参数估计和假设检验的学习，学生可以掌握基于数据进行统计推断和决策的基本技能。

（五）回归分析：探索变量间的相关性与预测

回归分析是研究变量间相关关系的重要工具，它通过建立回归模型来揭示自变量与因变量之间的数量关系，并据此进行预测和控制。在高职高等数学教学中，应详细介绍一元线性回归和多元线性回归的基本原理和建模步骤，包括模型假设的提出、参数估计的方法、模型拟合优度的评价以及预测和控制的应用等。此外，还应介绍非线性回归的基本思想和方法，以及回归分析的局限性和注意事项。通过回归分析的学习，学生可以掌握探索变量间相关性并进行预测和控制的基本技能和方法。

四、数学分析初步

（一）实数理论：构建数学分析的坚实的基础

在高职高等数学教学中，实数理论作为数学分析的起点，其重要性不言而喻。实数系不仅包含了有理数，还通过极限思想引入了无理数，从而形成了一个完备的数集。实数的完备性体现在多个方面，如确界原理、柯西收敛准则等都是这一特性的具体体现。确界原理，也称为有界数集必有上下确界原理，它说明了任何有界的实数集都能找到其最小上界（上确界）和最大下界（下确界）。这一原理不仅是实数集完备性的重要标志，也是极限理论的基础。在高职高等数学教学中，通过实例和图形辅助，帮助学生直观理解确界原理，为后续学习极限概念打下良好的基础。

柯西收敛准则，作为判断数列收敛性的重要工具，其本质在于通过数列项之间的差来考察数列的收敛性。该准则不仅适用于数列，还可推广至函数列等其他数学对象。在高职高等数学教学中，通过详细讲解柯西收敛准则的证明过程和应用实例，使学生深入理解数列收敛的本质，为其后续学习函数的极限、连续性等概念做好铺垫。

（二）连续性与可微性：函数性质的深入探索

连续性与可微性是函数理论中两个至关重要的概念。连续性描述了函数在某点附近的变化趋势，即当自变量趋近于某值时，函数值也趋近于某一确定值。在高职高等数学教学中，通过几何直观和极限定义相结合的方式，让学生理解连续函数的基本性质，如介值定理、最值定理等。

可微性则是函数局部性质的一种精细刻画，它要求函数在某点不仅连续，而且在该点附近可以用一个线性函数来近似表示。可微性的判断依赖于导数的存在性，而导数的概念又涉及了极限运算。因此，在高职高等数学教学中，需要注重导数的定义、计算以及导数与函数单调性、极值等性质之间的联系，帮助学生建立起完整的函数性质体系。

（三）一致连续与一致收敛：函数整体性质的把握

一致连续与一致收敛是数学分析中讨论函数在区间上整体性质的重要概念。一致连续要求函数在整个区间上都能以某种方式被"均匀"地控制，即无论区间内的哪两点，只要它们足够接近，那么函数在这两点上的函数值也就足够接近。一致收敛则是函数列或级数在整个区间上收敛的一种更强形式，它要求随着项数的增加，函数列或级数的误差在整个区间上都趋于零。在高职高等教学中，通过对比一致连续与逐点连续、一致收敛与逐点收敛的区别与联系，帮助学生理解这些概念背后的深刻含义。同时，结合具体的数学例子和图形演示，让学生直观地感受一致连续与一致收敛在解决实际问题中的应用价值。

（四）级数收敛性：无穷求和的奥秘

级数是数学分析中一个重要的研究对象，它代表了无穷多项的和。级数的收敛性问题是级数理论的核心之一，也是数学分析中的一个难点。在高职高等教学中，通过介绍级数的定义、类型（如等差级数、等比级数、幂级数等）以及收敛的判别法（如比较判别法、比值判别法、柯西积分判别法等），使学生掌握判断级数收敛性的基本方法。

此外，还需要强调级数收敛与发散的界限模糊性，即有些级数虽然不满足某个特定的收敛判别法，但仍然可能收敛或发散。这种复杂性要求学生在学习过程中保持严谨的态度和灵活的思维。

（五）微分中值定理与泰勒公式：函数性质的深化与应用

微分中值定理和泰勒公式是微分学中的两大重要工具。微分中值定理揭示了函数在某区间内的平均变化率与某点处的瞬时变化率之间的关系，为证明不等式、研究函数性质等提供了有力支持。在高职高等数学教学中，通过详细讲解罗尔定理、拉格朗日中值定理等微分中值定理的内容和应用实例，使学生理解这些定理的深刻内涵和广泛应用。

泰勒公式则是函数近似表示的一种重要方法，它将一个函数在某点附近表示为无限项的和（泰勒级数），并且当项数足够多时，这个级数可以非常接近原函数。泰勒公式在理论分析和数值计算中都有着广泛的应用，如求解微分方程、计算函数值等。在高职高等数学教学中，通过介绍泰勒公式的推导过程和应用实例，使学生掌握泰勒公式的使用技巧，并理解其在解决实际问题中的重要作用。

五、复变函数与积分变换

在高职高等数学的教学过程中，复变函数与积分变换无疑是一座连接实数世界与复数世界，探索更广阔数学领域的桥梁。它不仅深化了学生对函数性质的理解，还为他们打开了信号处理、量子力学等多个领域的大门。

（一）复数与复变函数：开启复数世界的钥匙

复数，作为实数的扩展，其基本概念包括实部、虚部、模、辐角等，这些概念为学生构建了一个全新的数学体系。在高职高等数学教学中，我们首先要介绍复数的几何表示与代数运算，使学生能够熟练地在复平面上进行点的定位与向量的运算。其次，复变函数作为以复数为自变量的函数，其性质如连续性、可导性、可积性等成为我们探讨的重点。通过对比实数函数与复变函数的不同之处，学生可以更深刻地理解复数对于数学研究的重要性。

（二）解析函数：复变函数中的璀璨明珠

解析函数是复变函数中的一类特殊且重要的函数，它们满足柯西 - 黎曼条件，即函数在复平面上的每一点都满足一定的微分关系。这一性质使解析函数具有许多独特的性质，如无穷可微性、保角性、唯一性定理等。在高职高等数学教学中，我们不仅要详细介绍柯西 - 黎曼条件及其推导过程，还要通过具体例子展示解析函数在解决实际问题中的强大威力。同时，引导学生理解解析函数与调和函数、全纯函数等概念之间的联系与区别。

（三）复积分与留数定理：探索复域内的累积效应

复积分是复变函数论中的又一重要内容，它为我们提供了一种在复平面上计算曲线积分和面积分的方法。与实数积分不同，复积分不仅考虑了函数值的变化，还涉及积分路径的选择。留数定理则是复积分理论中的一个重要定理，它建立了复平面上孤立奇点处的留数与积分值之间的联系。在高职高等数学教学中，我们要重点讲解复积分的定义、性质及其计算方法，特别是柯西积分公式和留数定理的应用。通过对这些内容的学习，学生可以掌握在复域内进行积分运算的技巧和方法，为后续学习提供有力支持。

（四）傅里叶变换与拉普拉斯变换：信号处理与工程应用的利器

傅里叶变换与拉普拉斯变换是积分变换中的两大重要工具，它们在信号处理、控制系统、量子力学等多个领域都有着广泛的应用。傅里叶变换将时域信号转换为频域信号，揭示了信号的频率结构；而拉普拉斯变换则进一步将傅里叶变换扩展到复数域，使得我们可以处理更广泛的函数和信号。在高职高等数学教学中，我们要详细介绍这两种变换的基本思想、定义及其性质，并展示它们在解决实际问题中的具体应用。同时，还要引导学生理解这两种变换之间的联系与区别，以及它们在数学分析、工程应用中的重要作用。

（五）特殊函数：复变函数论中的璀璨星辰

在复变函数论中，还存在一类特殊的函数，如伽马函数、贝塔函数等。这些函数虽然形式复杂，但在数学分析、物理学、工程学等多个领域都发挥着重要作用。在高职高等数学教学中，我们可以简要介绍这些特殊函数的定义、性质及其应用领域，让学生感受到复变函数论的博大精深和广泛应用。同时，也可以鼓励有兴趣的学生进一步深入研究这些特殊函数的相关知识和应用。

第二节 高职高等数学教学理论的发展

一、教育理念的革新

（一）素质教育导向：重塑高职高等数学教学核心

在高职高等数学的教学改革中，素质教育导向成为引领教学变革的灯塔。这一理念强调，教育不应仅仅局限于知识的传授，而应更加注重学生综合能力的培养与提升。具体而言，在高职高等数学课堂上，这意味着教学目标需从单一的数学知识掌握，转向对学生逻辑思维能力、问题解决能力、创新能力以及批判性思维等多维度素质的培养。

为了实现这一目标，教学内容需精心设计，既要涵盖数学基础知识与基本技能，又要融入数学思想方法、数学文化及数学应用等内容，使学生在学习过程中不仅能够掌握数学知识，而且能够领悟到数学的价值与魅力，进而激发其学习数学的兴趣与动力。同时，在教学方法上应倡导启发式、探究式学习，鼓励学生主动思考、积极探索，通过小组合作、项目研究等方式，培养其团队协作能力与沟通能力，从而促进其全面发展。

（二）工学结合模式：强化数学与专业的深度融合

针对高职教育的特点，工学结合模式成为提升数学教学实用性的有效途径。在这一模式下，高等数学的教学不再孤立于专业之外，而是紧密围绕学生所学专业展开，实现数学与专业的深度融合。具体而言，教师应深入了解学生所学专业的需求与特点，结合专业实际，精选教学内容，设计教学案例，使数学知识能够更好地服务于专业学习。例如，在工科类专业中，可以加强数学在工程设计、数据分析等方面的应用；在财经类专业中，可以强化数学在财务管理、经济模型等方面的作用。通过这样的方式，不仅能够提高学生对数学知识的理解能力和应用能力，还能够增强其解决专业实际问题的能力，为其未来的职业发展奠定坚实的基础。

（三）信息化教学：革新教学手段，提升教学效果

随着信息技术的飞速发展，信息化教学已成为提升教学效果的重要手段。在高职高等数学教学中，教师应充分利用现代信息技术手段，如多媒体教学、网络教学平台、智能教学软件等，丰富教学手段，提高教学效率与质量。通过多媒体教学，教师可以将抽象的数学概念与复杂的数学过程以直观、生动的形式呈现出来，帮助学生更好地理解和掌握；通过网络教学平台，教师可以实现教学资源的共享与交流，为学生提供更多的学习资源和个性化的学习支持；通过智能教学软件，教师可以实时监控学生的学习情况，进行精准的数据分析，从而及时调整教学策略，提高教学的针对性和有效性。

（四）终身学习理念：培养学生的自主学习能力

在知识爆炸的时代背景下，终身学习已成为个体适应社会发展的必然要求。因此，在高职高等数学教学中，培养学生的自主学习能力显得尤为重要。这就要求教师在教学过程中不仅要传授知识，更要教会学生如何学习、如何自我探索与发现。

教师可以通过设置问题情境、引导学生自主探究、鼓励学生提出问题与质疑等方式，培养学生的自主学习意识和能力。同时，教师还可以向学生传授有效的学习方法与策略，如时间管理、信息检索、批判性思维等，帮助学生构建良好的学习生态系统，为其终身学习打下坚实的基础。

（五）评价体系改革：构建多元化评价体系

传统的评价体系往往以考试成绩作为唯一标准，而忽视了对学生综合素质的评价。为了全面反映学生的学习成果与成长进步，构建多元化评价体系势在必行。在高职高等数学教学中，评价体系应涵盖知识掌握、能力发展、学习态度、创新思维等多个方面，采用多种评价手段与方法相结合的方式进行综合评判。除了传统的笔试考试，还可以引入口试、作业评价、课堂表现评价、项目评价等多种评价方式。同时，还应注重过程性评价与结果性评价的有机结合，既关注学生的学习结果，又关注其学习过程中的表现与努力。通过这样的方式，可以更加全面、客观地评价学生的学习成果与综合素质，为其个性化发展提供有力的支持。

二、课程体系的优化

在高职高等数学教学中，课程体系的优化是提升教学质量、促进学生全面发展的关键。通过模块化设计、跨学科融合、实践环节强化、分层次教学以及国际化视野的引入，我们可以构建一个既符合专业需求又贴近学生实际的高效课程体系。

（一）模块化设计：灵活构建数学课程框架

模块化设计是高职高等数学课程体系优化的重要手段。它根据不同专业的需求和学生的数学基础，将数学课程划分为若干相对独立又相互联系的模块。这些模块可以包括基础数学模块、专业数学模块、拓展数学模块等，每个模块内部又可以进一步细化为若干子模块。通过模块化设计，学校可以灵活地组合课程模块，满足不同专业、不同层次的学生的学习需求。同时，模块化设计还有助于实现课程内容的及时更新和补充，以适应科学技术和社会发展的变化。

（二）跨学科融合：拓宽学生知识视野

跨学科融合是高职高等数学课程体系优化的另一重要方向。数学作为一门基础学科，与众多其他学科有着密切的联系。通过加强数学与其他学科的交叉融合，我们可以帮助学生更好地理解数学在其他领域中的应用，以拓宽他们的知识视野。例如，在经济学专业中融入微积分、概率论等数学知识，可以帮助学生更好地分析经济现象；在工程技术专业中引入线性代数、微分方程等数学知识，可以帮助学生更好地解决工程问题。跨学科融合不仅有助于提升学生的综合素质，还有助于培养他们的创新思维和实践能力。

（三）实践环节强化：提升学生应用能力

实践环节是高职高等数学课程体系中不可或缺的一部分。通过增加数学实验、数学建模等实践环节，我们可以让学生在实际操作中体验数学的魅力，提升他们的应用能力。数学实验可以帮助学生掌握数学软件的使用方法和数据处理技巧；数学建模则可以让学生将所学的数学知识应用于解决实际问题中，培养他们分析问题和解决问题的能力。此外，学校还可以组织数学竞赛、科研项目等活动，以激发学生的数学兴趣和创新精神。

（四）分层次教学：满足个性化学习需求

分层次教学是高职高等数学课程体系优化的重要策略之一。由于学生的数学基础和学习能力存在差异，因此实施分层次教学可以更好地满足他们的个性化学习需求。学校可以根据学生的数学成绩和学习能力将他们分为不同的层次或班级进行教学。对于基础较弱的学生，可以加强基础知识的讲解和练习；对于基础较好的学生，则可以引入更深层次的数学知识和方法。分层次教学不仅有助于提高学生的学习效果，还有助于培养他们的自信心和学习兴趣。

（五）国际化视野：引入先进教学理念和方法

国际化视野是高职高等数学课程体系优化的重要方向之一。随着全球化进程的加速和国际交流的日益频繁，引入国际先进的教学理念和方法对于提升课程的国际化水平具有重要意义。学校可以积极与国外高校和机构开展合作与交流，引进优质的教学资源和先进的教学方法。同时，还可以鼓励学生参加国际数学竞赛、学术交流等活动，以拓宽他们的国际视野并提升跨文化交流能力。通过国际化视野的引入，我们可以让学生更好地适应全球化背景下的社会发展需求。

三、教学方法的创新

（一）问题导向教学：激发学生的主动探索精神

在高职高等数学教学中，问题导向教学法以其独特的优势，成为激发学生主动学习、深入探索的有效手段。该方法以问题为核心，通过精心设计的问题情境，引导学生主动思考、分析问题，并尝试运用所学数学知识去解决问题。在这一过程中，学生不再是被动接受知识的容器，而是成为主动探索知识的主体，其思维能力、创新能力及解决问题的能力均能得到显著提升。

具体实施时，教师应根据教学内容和目标，结合学生实际，创设具有启发性、挑战性和趣味性的问题情境。这些问题可以来源于生活实践、专业应用或数学本身，旨在激发学生的学习兴趣和求知欲。同时，教师还需引导学生学会提问，鼓励学生从不同角度、不同层面去审视问题，培养其批判性思维和创新能力。在解决问题的过程中，教师应给予学生充分的自主权，让其通过查阅资料、小组讨论、实验操作等方式，自主探索问题的答案。最后，通过课堂展示、师生交流等形式，对学生的探索成果进行反馈和评价，促进其进一步反思与提升。

（二）案例教学法：深化数学理论与实际应用的联系

案例教学法在高职高等数学教学中同样具有重要作用。通过引入具体案例，将抽象的数学概念、原理与现实生活、专业应用紧密结合起来，有助于学生更好地理解数学知识的内涵和外延，提高其运用数学知识解决实际问题的能力。在案例的选择上，教师应注重案例的代表性、时效性和针对性，确保其能够紧密贴合教学内容和学生实际。同时，教师还需对案例进行深入研究和分析，提炼出案例中蕴含的数学知识和思想方法，以便在课堂上引导学生进行深入探讨。在教学过程中，首先，教师可呈现案例背景和问题，引导学生运用所学数学知识进行分析和推理。其次，通过小组讨论、角色扮演等方式，让学生亲身体验问题解决的过程。最后，教师进行总结点评，强化学生对数学知识和方法的理解和应用。

（三）合作学习：培养团队协作与沟通能力

合作学习是高职高等数学教学中不可或缺的一环。通过团队合作的方式完成学习任务，不仅能促进学生之间的相互学习和帮助，还能培养其团队协作能力和沟通能力。在合作学习的实施过程中，教师应根据学生的学习能力和兴趣特长进行合理分组，以确保每个小组都能形成优势互补的学习共同体。同时，教师还需明确学习任务和目标，为小组学习提供必要的指导和支持。

在学习过程中，应鼓励学生积极参与讨论、交流思想、分享资源，共同解决遇到的问题。此外，教师还可以定期组织小组展示和汇报活动，让学生有机会展示自己的学习成果和团队风采，进一步激发其学习的动力和自信心。

（四）翻转课堂：重构教学流程，提高教学效率

翻转课堂（Flipped Classroom 或 Inverted Classroom）作为一种新兴的教学模式，在高职高等数学教学中也展现出了独特的魅力。该模式将传统教学中的"先教后学"转变为"先学后教"，即学生在课前通过自主学习完成知识的初步掌握；在课堂上，教师则主要承担答疑解惑、深化理解的任务。这种教学模式不仅能有效提高课堂效率，还能培养学生的自主学习能力和自我管理能力。

在翻转课堂的实施过程中，教师需要精心准备课前学习资料，如教学视频、PPT（PowerPoint）课件、习题集等，并提前发布给学生便于其自主学习。同时，教师还需通过线上平台或课堂检测等方式，了解学生的自学情况和学习难点，以便在课堂上进行有针对性的指导和讲解。在课堂上，教师可以采用小组讨论、案例分析、实验操作等多种教学方式，引导学生深入探讨问题、解决难题；同时，鼓励学生提出自己的疑问和见解，促进师生之间的交流与互动。通过翻转课堂的实施，学生的学习积极性和参与度得到了显著提升，教学质量和效果也得到了明显提高。

（五）混合式教学：融合线上与线下资源，实现教学方式的多样化

混合式教学是将线上教学与线下教学有机结合起来的一种教学模式。在高职高等数学教学中，混合式教学能够充分利用线上资源的丰富性和便捷性，以及线下教学的互动性和实践性优势，实现教学方式的多样化和个性化。在混合式教学的实施过程中，教师可以根据教学内容和学生的实际情况，灵活选择线上或线下教学的方式进行授课。对于一些理论性较强、易于理解的知识点，可以采用线上教学的方式进行讲授；而对于一些实践性较强、需要动

手操作的知识点，则可以采用线下教学的方式进行演示和练习。同时，教师还可以利用线上平台提供的学习资源、在线测试、作业提交等功能，为学生提供个性化的学习支持和服务。此外，教师还可以定期组织线上或线下的答疑辅导、小组讨论等活动，加强师生之间的互动与交流。通过混合式教学的实施，学生的学习体验得到了丰富和拓展，教学质量和效果也得到了进一步提升。

四、师资队伍的建设

在高职高等数学教学的广阔天地里，师资队伍的建设是提升教学质量、推动学科发展的关键所在。一支高素质、专业化的教师团队，不仅能传授学生知识，更能激发他们的学习兴趣，引导他们探索数学的奥秘。

（一）专业培训：持续深化教师专业素养

专业培训是提升教师专业素养和教学能力的有效途径。随着数学学科的不断发展和教育理念的持续更新，教师需要不断学习新知识、新技能，以适应教学需求的变化。因此，学校应定期组织教师参加专业培训，包括参加国内外学术会议、研讨会，以及专业机构提供的培训课程等。这些培训活动不仅能够帮助教师了解数学学科的前沿动态，掌握先进的教学方法和手段，还能够促进教师之间的交流与合作，共同提升教学质量。

（二）团队建设：凝聚力量，共创辉煌

加强教师之间的交流与合作，形成教学科研团队，是提升师资队伍整体实力的重要举措。教学科研团队不仅能够集中优势资源，共同攻克教学难题，还能够促进教师之间的知识共享和经验传承。在团队中，教师可以通过集体备课、教学观摩、教学研讨等方式，相互学习、相互借鉴，共同提升教学水平。同时，团队还能够为教师提供更多的发展机会和平台，如申报科研项目、发表学术论文等，从而激发教师的工作积极性和创造力。

（三）引进人才：优化队伍结构，注入新鲜血液

　　积极引进高水平数学人才，是优化教师队伍结构、提升教学质量的关键。高水平数学人才不仅具有深厚的学术功底和丰富的教学经验，还能够为学科的发展带来新的思路和方法。因此，学校应加大人才引进力度，通过制定优惠政策、提供良好工作环境和职业发展平台等方式，吸引更多优秀数学人才加入教学队伍。同时，学校还应注重人才的梯队建设，通过培养年轻教师、鼓励在职教师深造等方式，为学科发展储备更多优秀人才。

（四）激励机制：激发教师工作热情与创造力

　　建立有效的激励机制，是激发教师工作积极性和创造力的重要保障。学校应根据教师的实际情况和需求，制定科学合理的激励机制，包括物质激励和精神激励两个方面。物质激励方面，学校可以通过提高教师待遇、发放奖金等方式，给予教师物质上的奖励；精神激励方面，学校可以通过表彰优秀教师、授予荣誉称号等方式，给予教师精神上的鼓励。这些激励措施不仅能够激发教师的工作热情，还能够提升他们的职业认同感和归属感，从而更加积极地投入教学工作中。

（五）师德师风建设：树立良好教师形象

　　加强师德师风建设，是提升教师综合素质、树立良好教师形象的重要一环。师德师风是教师职业道德和行为规范的重要体现，它直接关系到教师的形象和声誉。因此，学校应高度重视师德师风建设，通过制定师德规范、开展师德教育活动等方式，引导教师树立正确的职业观念和价值观。同时，学校还应建立健全师德考核机制，将师德表现作为教师评价的重要内容之一，对违反师德规范的行为进行严肃处理。通过这些措施的实施，可以有效提升教师的师德水平，树立良好的教师形象，为高职高等数学教学的发展提供有力保障。

五、教学资源的开发

（一）数字化教学资源的深度开发与应用

在高职高等数学教学中，数字化教学资源的开发与应用已成为提升教学质量、促进学生学习的重要手段。通过开发在线课程、微课（Microlecture）、教学视频等多样化的数字化教学资源，可以为学生提供更加灵活、便捷的学习方式，满足其个性化学习的需求。

在线课程的建设应围绕高职高等数学的核心知识点和难点展开，注重内容的系统性、实用性和前沿性。在课程设计上，可以采用模块化、单元化的方式，将复杂的数学知识分解为若干个易于理解和掌握的小单元，便于学生逐步深入学习。同时，结合动画、图表、实例等多种表现形式，使抽象的数学概念变得直观生动，激发学生的学习兴趣。微课作为数字化教学资源的重要组成部分，因其短小精悍、针对性强的特点受到学生的喜爱。教师可以针对某个具体的数学知识点或问题，制作精美的微课视频，并配以详细的讲解和解析，帮助学生快速掌握重点、难点。此外，微课还可以作为课前预习、课后复习的辅助资料，帮助学生巩固所学知识。

教学视频则是另一种重要的数字化教学资源。通过录制教师授课过程或实验操作过程，学生可以在任何时间、任何地点进行观看和学习。教学视频不仅可以帮助学生重温课堂内容，还可以弥补因缺勤或理解不足而错过的知识点。同时，视频中的互动环节和思考题还可以引导学生深入思考，培养其解决问题的能力。

（二）教学平台与工具的优化利用

为了进一步提升教学互动性和效率，高职高等数学教学应积极利用教学管理系统、在线讨论区、数学软件等教学平台与工具。教学管理系统可以帮助教师高效地管理学生的学习进度、作业提交和成绩评定等事务性工作，使教师有更多的时间和精力投入教学研究和学生指导中。同时，系统还可以提供学生学习数据的分析和反馈功能，帮助教师及时了解学生的学习情况和学习需求，为教学改进提供依据。在线讨论区则为学生提供了一个自由交流、分享学习心得和解决问题的平台。学生可以在讨论区中发表自己的见解和疑问，与其他同学和教师进行互动交流。这种开放式的交流方式不仅可以促进学生之间的合作学习和知识共享，还可以培养学生的沟通能力和批判性思维。

数学软件则是高职高等数学教学中不可或缺的工具之一。通过利用数学软件进行计算、绘图、模拟等操作，学生可以更加直观地理解数学概念和原理，进而提高数学应用能力。同时，数学软件还可以作为实验教学的辅助工具，帮助学生进行数学实验设计和数据分析等操作，培养其创新思维和实践能力。

（三）实践教学基地的建设与拓展

实践教学是高职高等数学教学中不可或缺的一环。为了给学生提供更多数学应用实践的机会和平台，学校应积极与企业合作建立实践教学基地。实践教学基地的建设应紧密结合企业的实际需求和学生的专业特点进行规划和设计。通过与企业合作开展项目研究、技术攻关等活动，可以使学生将所学数学知识与实际应用相结合，提高其解决实际问题的能力。同时，实践教学基地还可以作为学生实习实训的场所，帮助学生了解行业发展趋势和企业运作方式，为其未来的职业发展打下基础。在实践教学基地的拓展方面，学校可以积极寻求与国内外知名企业的合作机会，共同建设高水平的实践教学基地。通过引进先进的教学理念和教学方法，以及优质的教学资源和师资力量，可以进一步提升实践教学基地的教学质量和水平。

（四）开放教育资源的整合与利用

开放教育资源（OER，Open Educational Resources）是指在全球范围内通过互联网免费获取的用于教学和学习的数字化材料。为了给学生提供更广阔的学习视野和更丰富的学习资源，高职高等数学教学应积极整合和利用国内外优质开放教育资源。在整合开放教育资源的过程中，学校应注重资源的筛选和评估工作。通过对比分析不同来源的开放教育资源的质量、内容、适用性等方面因素，选择符合高职高等数学教学需求和学生实际情况的优质资源进行整合和利用。同时，学校还可以与国内外知名高校、研究机构等建立合作关系，共同开发具有自主知识产权的开放教育资源库。

在利用开放教育资源的过程中，学校应注重资源的推广和普及工作。通过校园网、图书馆等渠道向师生宣传和推广优质开放教育资源的使用方法和技巧；同时，鼓励师生积极利用这些资源来进行自主学习和探究性学习活动；此外，还可以通过组织在线研讨会、专题讲座等形式促进师生之间的交流与合作。

（五）评价与反馈系统的科学构建

评价与反馈系统是高职高等数学教学中不可或缺的一部分。为了及时收集和分析学生的学习情况并为教学改进提供依据，学校应建立科学的评价与反馈系统。在构建评价与反馈系统的过程中，学校应注重评价标准的多元化和全面性。除了传统的考试成绩，还应将学生的作业完成情况、课堂表现、实践能力、学习态度等多方面因素纳入评价范围；同时，还应注重对学生创新能力和批判性思维等高级认知能力的评价。

在收集和分析学生学习数据的过程中，学校应充分利用现代信息技术手段进行数据挖掘和分析工作。通过对学生学习数据的深度挖掘和分析可以发现学生学习中的问题和不足，进而为教学改进提供有针对性的建议和指导。同时，还可以通过对学生学习数据的可视化展示来帮助学生更加直观地了解自己的学习情况和进步趋势。

第三节 高职高等数学教学与学生职业发展的关系

一、数学素养与职业竞争力

在快速发展的现代社会中，数学素养已远远超越其传统意义上的计算能力范畴，成为衡量个人职业竞争力的重要指标之一。高职高等数学教学，作为培养学生数学素养的关键环节，不仅传授了基础的数学知识与技能，更在潜移默化中塑造了学生的思维方式，提升了他们的职业适应能力与创新潜能。

（一）逻辑思维训练：构筑问题解决的坚实基石

逻辑思维是数学教育的核心之一，也是职业生涯中不可或缺的能力。高职高等数学教学通过严谨的数学概念、定理与公式推导，以及复杂的数学问题求解过程，训练学生的逻辑思维能力。学生需学会从已知条件出发，通过逻辑推理逐步逼近答案，这一过程不仅锻炼了他们思维的条理性与严密性，更培养了他们在面对复杂问题时能够冷静分析、有序解决的能力。这种能力在各行各业中均有广泛的应用，无论是工程管理、金融分析，还是信息技术领域，都需要从业者具备强大的逻辑思维能力来应对各种挑战。

（二）数据分析技能：大数据时代的职业通行证

随着大数据技术的飞速发展，数据分析能力已成为许多职业的基本要求。高职高等数学教学中的统计学、概率论等课程，为学生提供了系统的数据分析知识与技能。学生将学会如何收集、整理、分析和解释数据，从而揭示数据背后的规律与趋势。这种能力在市场营销、客户管理、风险评估等多个领域都至关重要，能够帮助从业者更加精准地把握市场动态，优化决策过程，提升工作效率。因此，掌握数据分析技能的学生在求职市场上更具竞争力，能够更好地适应大数据时代对人才的需求。

（三）问题解决能力：跨越职业障碍的利器

数学问题的解决过程是一个典型的"问题—分析—解决"循环，这一过程能够极大地提升学生的问题解决能力。在高职高等数学学习中，学生将面对各种形式的数学问题，如方程求解、不等式证明、几何问题等。通过不断地练习与探索，学生将学会如何分析问题、寻找解决方案并验证其正确性。这种能力在职业生涯中同样具有重要意义。无论是面对工作中的具体任务还是复杂的项目挑战，具备强大的问题解决能力的学生都能够迅速找到问题的症结所在，提出有效的解决方案并付诸实施。这种能力不仅有助于他们在职场中脱颖而出，更能够为他们未来的职业发展奠定坚实的基础。

（四）创新思维培养：推动职业发展的不竭动力

数学中的证明、推导等过程充满了创新与探索的元素。高职高等数学教学通过引导学生参与这些过程，鼓励他们独立思考、勇于尝试新的思路与方法。这种教学方式不仅能够激发学生的创新思维潜能，还能够培养他们敢于挑战权威、勇于突破常规的精神。在职业生涯中，这种创新思维将成为推动个人职业发展的不竭动力。面对日新月异的行业变革与技术革新，具备创新思维能力的从业者将更加敏锐地捕捉机遇、应对挑战，从而在激烈的职场竞争中保持领先地位。因此，高职高等数学教学在培养学生数学素养的同时，也为他们的职业生涯注入了源源不断的创新活力。

二、专业结合与职业发展路径

（一）精准对接专业需求，优化数学教学内容

在高职高等数学教学中，精准对接不同专业的需求是提升教学质量、促

进学生专业发展的关键环节。各专业对数学知识的需求各有侧重，因此，教学内容的调整应基于深入的专业需求分析。例如，对于工程技术类专业，应强化微积分、线性代数等基础知识的教学，并引入与工程实践紧密相关的数学应用案例；而对于经济管理类专业，则应注重概率论与数理统计等内容的教学，帮助学生掌握数据分析与决策制定的基本工具。通过这样有针对性的教学内容优化，可以使数学教学更加贴近学生的专业实际，为其后续的专业学习奠定坚实的基础。

（二）强化职业导向，设计特色数学课程

为了提升学生的职业竞争力，高职高等数学教学应紧密结合学生未来的职业发展方向，设计具有鲜明职业特色的数学课程。这要求教师在课程设计过程中，不仅要关注数学知识的传授，更要注重数学知识与职业技能的融合。例如，可以针对特定职业岗位所需的数学技能，开设专门的数学实训课程或项目课程，让学生在模拟的职业环境中运用数学知识来解决实际问题。同时，还可以邀请行业专家参与课程设计，以确保课程内容与职业标准的有效对接。通过这样的职业导向教学，可以使学生更加明确自己的职业定位和发展方向，为其未来的职业生涯奠定坚实的基础。

（三）促进跨学科融合，拓宽职业发展视野

数学作为一门基础学科，在各个领域都有着广泛的应用。为了拓宽学生的职业发展视野，高职高等数学教学应积极促进跨学科融合，通过跨学科的教学案例和实践活动，展示数学在其他领域的应用价值。例如，可以组织学生参与数学建模竞赛、数据分析项目等跨学科活动，让学生在实践中感受数学的魅力与力量。同时，还可以邀请不同领域的专家来校举办讲座或工作坊，分享数学在各自领域的应用经验和研究成果。通过这样的跨学科交流与合作，可以帮助学生打破学科壁垒，拓宽知识视野，为其未来的职业发展提供更多的可能性。

（四）融入职业规划指导，助力学生成长成才

职业规划是高职学生实现个人价值、服务社会的重要途径。为了帮助学生更好地规划自己的职业生涯，高职高等数学教学应融入职业规划指导内容。在教学过程中，教师可以通过引入职业测评工具、分享职业规划案例等方式，引导学生认识自我、了解职业世界、明确职业目标和发展路径。同时，还可以为学生提供个性化的职业规划咨询服务，帮助他们解决在职业规划过程中遇到的问题和困惑。通过这样的职业规划指导，可以使学生更加清晰地认识到自己的优势和不足，并制定出符合自身特点的职业发展规划，为其未来的成长成才奠定坚实的基础。

高职高等数学教学在促进学生专业发展与职业竞争力提升方面发挥着重要作用。通过精准对接专业需求、强化职业导向教学、促进跨学科融合以及融入职业规划指导等措施的实施，可以使学生更加全面地掌握数学知识与技能，更加自信地面对未来的职业挑战。

三、终身学习与职业进阶

在快速变化的现代社会中，终身学习已成为个人职业发展的必然选择，而高职高等数学教学作为教育体系中的重要组成部分，不仅传授专业知识，更在塑造学生的自学能力、培养持续学习意识、提升适应变化能力以及奠定高阶技能基础等方面发挥着不可替代的作用。

（一）自学能力培养：开启终身学习的钥匙

高职高等数学教学不仅局限于课堂知识的传授，更侧重于培养学生的自主学习能力。在教学过程中，教师通过引导学生探索数学规律、解决数学问题，来激发他们的学习兴趣和求知欲，使他们逐渐掌握自主学习的方法与技巧。这种自学能力的培养，为学生日后在职业生涯中持续学习新知识、新技能奠定了坚实的基础。在终身学习理念的指导下，学生将能够根据自己的职

业需求和发展目标，主动寻求学习资源，不断更新知识结构，提升职业素养，从而在激烈的职场竞争中保持领先地位。

（二）持续学习意识：推动职业进阶的内在动力

高职高等数学教学的过程，也是培养学生持续学习意识的过程。数学作为一门逻辑性强、知识体系严密的学科，其学习过程充满了挑战与探索。学生在面对数学难题时，往往需要付出大量的时间与精力去钻研、去实践。这种经历不仅让学生深刻体会到学习的艰辛与乐趣，也让他们认识到持续学习的重要性。在未来的职业生涯中，无论遇到何种挑战与机遇，学生都将保持一种积极向上的学习态度，不断追求进步与发展。这种持续学习意识将成为他们职业进阶的内在动力，推动他们在各自的领域内不断攀登新的高峰。

（三）适应变化能力：应对职场变革的利器

数学中的变化性和复杂性，为学生提供了锻炼适应变化能力的绝佳机会。在高职高等数学教学中，学生需要不断适应新的数学概念、定理与解题方法，同时还需要灵活应对各种复杂多变的数学问题。这种训练过程不仅提升了学生的数学素养，更培养了他们的适应变化能力。在未来的职场中，这种能力显得尤为重要。随着科技的不断进步和产业的快速升级，职场环境也将不断发生变化。具备适应变化能力的学生将能够迅速适应新的工作环境和任务要求，抓住机遇，应对挑战，从而在职场中立于不败之地。

（四）高阶技能培养：奠定未来职业发展的基石

高等数学的学习，为学生进一步学习高阶技能提供了坚实的基础。在高职阶段，学生通过学习高等数学中的微积分、线性代数、概率论与数理统计等课程，不仅掌握了扎实的数学基础知识，还培养了其严密的逻辑思维能力和强大的数据处理能力。这些能力为学生未来学习更高级的技术和理论提供了有力的支持。例如，在人工智能、机器学习、大数据分析等新兴领域，高等数学的知识和技能都是不可或缺的。因此，高职高等数学教学的成果，将为学生未来的职业发展奠定坚实的基石，使他们能够在这些前沿领域中展现出卓越的才华和潜力。

四、职业道德与职业素养

（一）严谨治学态度的塑造与传承

在高职高等数学教学的殿堂中，严谨治学态度是不可或缺的灵魂。数学作为一门追求精确与严密的学科，其教学过程本身就是对学生严谨治学态度的锤炼过程。教师通过精确无误的讲解、严谨周密的推导以及一丝不苟的解题示范，向学生传递着数学的严谨精神。这种精神不仅体现在对数学定理、公式的精确把握上，更体现在对问题深入思考、反复验证的态度上。学生在此过程中，能够逐渐形成对待学问一丝不苟、追求真理的严谨治学态度，这种态度将伴随他们终身，成为其职业生涯中宝贵的财富。

（二）团队合作精神的培养与提升

高职高等数学教学不仅是知识的传授，更是学生综合素质的培育场。通过小组合作学习和实践活动，学生在共同解决问题的过程中，深刻体会到团队合作的重要性。在小组中，每位学生都需要发挥自己的长处，同时也需要学会倾听他人的意见，综合不同观点，以达到共同的目标。这种经历不仅锻炼了学生的沟通能力，更培养了他们的团队合作精神。在未来的职业生涯中，无论是从事科学研究、技术开发还是企业管理，团队合作精神都将是他们不可缺少的素质之一。

（三）责任心与敬业精神的培育与强化

数学学习的过程充满了挑战与困难，复杂的计算、抽象的推理以及严密的逻辑要求学生必须具备高度的责任心和敬业精神。在高职高等数学教学中，教师通过设计具有挑战性的学习任务和实践活动，让学生在面对困难时学会坚持与努力，培养他们的责任感和敬业精神。学生在解决问题的过程中，逐渐认识到自己的责任所在，并愿意为之付出努力。这种责任心和敬业精神将激励他们在未来的职业生涯中勇于担当、不懈追求，为实现个人价值和社会进步贡献自己的力量。

（四）职业道德规范的引导与内化

在高职高等数学教学中融入职业道德教育，是培养学生良好职业素养的重要途径。教师通过讲解数学史上的杰出人物及其高尚品德、分析数学在社会各领域中的应用及其对社会的影响等方式，引导学生树立正确的职业道德观念。同时，教师还应在日常教学中注重言传身教，通过自己的行为示范为学生树立榜样。在这样的教育环境下，学生将逐渐认识到职业道德的重要性，并自觉地将职业道德规范内化为自己的行为准则。在未来的职业生涯中，他们将能够坚守职业道德底线，以诚信、正直的态度面对工作和社会。

高职高等数学教学在培养学生职业道德与职业素养方面发挥着重要作用。通过严谨治学态度的塑造与传承、团队合作精神的培养与提升、责任心与敬业精神的培育与强化以及职业道德规范的引导与内化等措施的实施，学生在数学学习的过程中不仅掌握了数学知识与技能，更在心灵深处种下了一颗追求真理、勇于担当、团结协作、诚信正直的种子。这颗种子将在未来的职业生涯中生根发芽、茁壮成长，为学生的全面发展和社会的进步贡献力量。

五、国际视野与跨文化交流

在全球化的今天，拥有国际视野和跨文化交流能力已成为个人职业发展的重要因素。高职高等数学教学作为培养学生综合素质的重要环节，正日益注重引入国际化教学内容，拓宽学生国际视野，并通过多种途径提升学生的跨文化交流能力，为学生的全球职业发展奠定坚实的基础。

（一）国际化教学内容：启迪学生的全球思维

高职高等数学教学积极响应全球化趋势，不断引入国际先进的教学内容和理念。通过借鉴国外优秀教材、引入国际前沿的数学研究成果和教学方法，使教学内容更加丰富多元，更具时代性和前瞻性。这种国际化教学内容不仅让学生接触到了更广泛的知识领域，还激发了他们探索未知世界的兴趣与热情。在学习过程中，学生不仅能够掌握扎实的数学基础知识和技能，还能够了解到不同国家和地区的数学文化和发展状况，从而培养他们的全球思维方式和跨文化交流意识。

（二）跨文化交流能力：搭建国际沟通的桥梁

为了提升学生的跨文化交流能力，高职高等数学教学积极组织各类国际交流活动。通过参加国际数学竞赛、国际学术会议、海外研修项目等，学生有机会与来自世界各地的数学学者和同行交流切磋，共同探讨数学领域的热点问题。这些活动不仅拓宽了学生的国际视野，还让他们在交流中学会了尊重和理解不同文化的差异，提升了他们的跨文化沟通能力和团队协作能力。此外，学校还鼓励学生参与国际志愿者服务、文化体验等活动，让他们在实践中深入了解不同国家和地区的历史、文化和社会习俗，进一步丰富了他们的国际经验和人生阅历。

（三）全球职业发展：数学作为国际通用技能的独特优势

数学作为一门国际通用技能，在全球范围内得到广泛的应用和认可。高职高等数学教学通过培养学生的数学素养和跨文化交流能力，为他们在全球范围内的职业发展提供了有力的支持。无论是在跨国公司、国际组织还是国际研究机构中，具备扎实数学基础和良好跨文化交流能力的人才都备受青睐。他们能够在不同的文化背景下顺利开展工作，与来自世界各地的同事和客户建立良好关系，共同推动项目的成功实施。因此，高职高等数学教学不仅关注学生的专业知识学习，还注重培养他们的国际竞争力和全球视野，为他们的职业生涯铺设更加广阔的道路。

（四）国际认证与资格：增强国际职场竞争力

为了进一步提升学生在国际职场上的竞争力，高职高等数学教学鼓励学生参加国际数学认证考试和获得相关资格。这些国际认证和资格不仅是对学生数学能力的认可，更是他们进入国际职场的重要"敲门砖"。通过参加国际认证考试和获得相关资格，学生不仅能够证明自己的数学实力和专业素养，还能够增加自己在国际招聘市场上的吸引力和竞争力。同时，这些认证和资格还能够为他们未来的职业发展提供更多的选择和机会，让他们在全球化的职场中更加游刃有余地展现自己的才华和潜力。

第二章　高职高等数学教学的现状与挑战

第一节　高职高等数学教学的定位

一、职业教育导向

在职业教育蓬勃发展的今天，高职高等数学作为一门基础而重要的学科，其教学定位与实践应紧密围绕职业教育目标展开，致力于服务学生专业技能与职业素养的全面提升。这一导向不仅是对传统教学模式的革新，更是对高职教育内涵式发展的深刻回应。

（一）明确教学目标：以职业需求为引领

高职高等数学教学目标的设定，需紧密契合职业教育的发展要求，将培养学生的数学应用能力、逻辑思维能力以及问题解决能力作为核心任务。这意味着，教学不再仅仅局限于数学理论知识的传授，而是更加注重数学知识在专业领域内的应用与实践。因此，教师应深入了解各专业对数学知识的具体需求，结合专业特点，合理设计教学内容和教学方法，以确保学生所学能为其未来的职业生涯奠定坚实的基础。

（二）优化课程内容：强化职业相关性

为了增强高职高等数学教学的职业导向性，必须对课程内容进行优化调整。一方面，要精简那些与职业需求关联度不高的纯理论性内容，避免学生陷入"学而无用"的困境。另一方面，要增加与专业紧密结合的应用性内容，如数学建模、数据分析、经济预测等，这些内容不仅能提升学生的数学应用能力，还能帮助他们更好地理解专业问题，形成跨学科的知识体系。此外，教师还可以引入行业内的真实案例和实际问题，让学生在解决实际问题的过程中感受数学的魅力与价值。

（三）创新教学方法：促进学生主动学习

在职业教育的导向下，高职高等数学教学应注重培养学生的自主学习能力和创新精神。因此，教师应积极探索和实践多种教学方法，如项目式学习、翻转课堂、混合式教学等，以激发学生的学习兴趣和积极性。在项目式学习中，学生可以通过团队合作来完成具有挑战性的项目任务，从而在实践中深化对数学知识的理解和应用；在翻转课堂中，学生可以在课前通过观看教学视频、阅读相关资料等方式来进行自主学习，课堂上则更多地用于讨论、交流和解决问题；在混合式教学中，教师可以灵活运用线上和线下资源，为学生提供更加丰富多样的学习体验和互动机会。

（四）强化实践教学：提升应用能力

实践教学是高职高等数学教学中不可或缺的一环。通过实践教学，学生可以将所学知识应用于实际问题的解决中，从而加深对数学知识的理解和掌握。为此，学校应加强与企业的合作与交流，建立稳定的校外实习基地和校企合作项目，为学生提供更多的实践机会。同时，教师还可以在课堂上设计一些与职业相关的实践活动或模拟实验，让学生在模拟的职业环境中体验数学的应用过程。此外，学校还可以举办数学竞赛、数学建模比赛等活动，激发学生的参与热情和创新精神，以提升他们的数学应用能力和综合素质。

（五）注重职业素养培养：塑造全面发展的人才

在职业教育的导向下，高职高等数学教学不仅要关注学生的数学能力发展，还要注重其职业素养的培养。这包括培养学生的团队合作精神、沟通能力、责任意识、职业道德等方面。在教学过程中，教师可以通过小组合作、角色扮演、案例分析等方式来锻炼学生的团队协作能力；通过课堂讨论、演讲汇报等形式来提升学生的沟通能力和表达能力；通过布置具有挑战性的任务来培养学生的责任感和抗挫能力；同时，还可以通过在其中渗透职业道德教育来引导学生树立正确的职业观念和价值取向。

职业教育导向下的高职高等数学教学应明确教学目标、优化课程内容、创新教学方法、强化实践教学并注重职业素养培养。通过这些措施的实施，可以进一步提升高职高等数学教学的针对性和实效性，为提升学生的专业技能和职业素养提供有力支持。

二、基础与应用并重

（一）基础课程的核心地位：奠定坚实的数学基础

在高职高等数学教学的版图中，基础课程的核心地位不容忽视。数学作为一门逻辑严密、体系完整的学科，不仅是后续专业课程学习的基础，更是培养学生逻辑思维、抽象思维及问题解决能力的重要工具。因此，在高职高等数学教学中，我们必须强调数学基础课程的重要性，通过系统、全面的教学，帮助学生构建起扎实的数学基础。

一方面，要注重数学基础知识的传授。这包括数学的基本概念、定理、公式及运算法则等，它们是构成数学大厦的基石。在教学过程中，教师应采用通俗易懂的语言和生动形象的例子，帮助学生理解并掌握这些基础知识。同时，还应注重知识的连贯性和系统性，引导学生建立起数学知识之间的内在联系，形成完整的知识体系。另一方面，要加强数学基本技能的训练。数学基本技能包括计算能力、推理能力、证明能力等，它们是学生在解决实际问题时不可或缺的工具。在高职高等数学教学中，教师应让学生通过大量的练习和训练，提高他们的数学基本技能水平。这不仅可以帮助学生更好地掌握数学知识，还能为他们后续的专业课程学习和职业发展打下坚实的基础。

（二）应用导向的教学实践：连接理论与实际，培养解决问题的能力

在强调数学基础课程重要性的同时，我们还应注重数学在各专业领域的应用，培养学生解决实际问题的能力。高职教育的目标是培养高素质的技术技能型人才，而数学作为众多专业领域的基础工具，其应用价值不容忽视。

为了实现这一目标，我们需要将数学教学与各专业领域紧密结合，探索数学在各个领域中的应用场景和案例。在教学过程中，教师可以通过引入实际问题、案例分析等方式，让学生感受到数学在现实生活中的广泛应用和重要性。同时，还可以鼓励学生参与科研项目、实习实训等活动，让他们在实践中运用数学知识解决实际问题，以提升自己的应用能力和创新能力。此外，我们还应注重培养学生的跨学科思维。在高职高等数学教学中，教师应引导学生关注不同学科之间的交叉与融合，鼓励他们运用数学知识解决其他学科领域的问题。这不仅可以拓宽学生的知识面和视野，还可以培养他们的跨学科思维和综合能力，为他们未来的职业发展奠定更加坚实的基础。

高职高等数学教学应坚持基础与应用并重的原则。在强调数学基础课程重要性的同时，注重数学在各专业领域的应用和实践教学，努力培养学生的解决实际问题能力和跨学科思维。只有这样，我们才能为社会培养出更多的具有创新精神和实践能力的高素质技术技能型人才。

三、分层次教学

在高职高等数学教学中，学生群体的数学基础与学习能力往往存在显著差异。为了兼顾每位学生的发展需求，实施分层次教学成为一种行之有效的教学策略。分层次教学旨在通过对学生个体差异的精准识别与合理分组，为

不同水平的学生提供量身定制的学习路径和资源，从而确保每位学生都能在适合自己的水平上获得充分的发展。

（一）科学分层：精准识别学生差异

分层次教学的首要任务是科学合理地对学生进行分层。这就要求教师充分了解每位学生的数学基础、学习兴趣、学习习惯以及学习能力等多方面的信息。在此基础上，可以采用多种方式进行分层，如通过入学测试、平时成绩、自我评估及教师观察等综合评价学生的数学水平。分层时应遵循公平、公正、透明的原则，确保每位学生都能被合理地安置在适合自己的层次中。同时，分层并不是一成不变的，随着教学的深入和学生能力的发展，教师应适时调整分层结构，以保持分层的科学性和有效性。

（二）差异化教学：满足不同学习需求

在分层次教学的基础上，教师应针对不同层次的学生实施差异化教学。这包括教学目标、教学内容、教学方法以及教学评价的全面差异化。对于基础较弱的学生，教师应注重基础知识的巩固与基本技能的训练，采用直观演示、强化练习等方法帮助他们逐步建立起数学学习的信心；对于中等水平的学生，教师应注重知识的拓展与深化，引导他们进行独立思考和探究性学习，培养他们的数学思维和问题解决能力；对于基础扎实、学习能力强的学生，教师应提供更具挑战性的学习内容和任务，如参与数学竞赛、开展数学研究等，以激发他们的创新精神和探索欲望。

（三）动态调整：确保分层教学的灵活性

分层次教学并非一成不变的静态过程，而是一个需要不断动态调整的动态系统。在教学过程中，教师应密切关注学生的学习进展和变化，及时调整分层结构和教学策略。对于进步显著的学生，应及时提升至更高层次的学习环境中；对于遇到困难的学生，则应给予更多的关注和支持，帮助他们克服障碍，实现自我提升。此外，教师还应鼓励学生之间的交流与合作，通过小组合作学习、互帮互助等方式来促进不同层次学生之间的交流与融合，共同营造一种积极向上、和谐共进的学习氛围。

（四）资源优化：保障分层次教学的实施效果

分层次教学的有效实施离不开优质教学资源的支持。学校应加大对高职高等数学教学的投入力度，优化教学资源配置，为分层次教学提供有力的保障。这包括建设和完善数学实验室、配备先进的教学设备和软件、引进优质的数学教材和教学资料等。同时，学校还应加强教师队伍建设，提升教师的专业素养和教学能力，鼓励教师积极探索和实践分层次教学的新模式和新方法。此外，学校还可以利用现代信息技术手段，如网络教学平台、在线学习资源等，为学生提供更加便捷、高效的学习途径和资源支持。

（五）强化评价：促进分层次教学的持续改进

分层次教学的效果需要通过科学的评价来检验和反馈。在评价过程中，教师应注重评价内容的全面性和评价方式的多样性。除了传统的考试评价，还应采用作业评价、课堂表现评价、项目评价等多种方式全面评估学生的学习成果和发展情况。同时，教师还应关注学生在分层次教学过程中的学习态度、学习方法以及情感体验等方面的变化，以便及时调整教学策略和方法。此外，学校还应建立健全的评价机制和反馈机制，及时收集和分析学生的反馈意见和建议，为分层次教学的持续改进提供有力的支持。

分层次教学作为一种个性化与高效性的教学策略，在高职高等数学教学中具有重要的应用价值。通过科学分层、差异化教学、动态调整、资源优化以及强化评价等措施的实施，可以充分发挥分层次教学的优势和作用，促进每位学生在适合自己的水平上获得充分的发展。

四、服务终身学习

（一）自主学习能力的培育：开启终身学习的钥匙

在快速发展的知识经济时代，终身学习已成为个人适应社会、实现自我价值的必经之路。对于高职学生而言，高等数学作为众多专业领域的基础学科，其学习不仅局限于校园之内，更需延伸至职业生涯的每一个阶段。因此，在高职高等数学教学中，培养学生自主学习的能力和习惯显得尤为重要。

自主学习，顾名思义，是指学习者能够自我驱动、自我管理、自我评估的学习过程。它要求学生具备明确的学习目标、科学的学习方法、良好的学习习惯以及持续的学习动力。为了达成这一目标，高职高等数学教学应从以下几个方面入手：

激发学习兴趣，培养学习动机。兴趣是最好的老师，也是自主学习的内在动力。在高职高等数学教学中，教师可以通过设计富有吸引力的教学内容、采用多样化的教学手段、引入贴近生活的实际问题等方式，激发学生的学习兴趣，使他们在轻松愉快的氛围中学习数学知识。同时，教师还可以引导学生认识到数学在专业学习、职业发展以及日常生活中的重要作用，从而增强他们的学习动机。

教授学习策略，提升学习效率。学习策略是自主学习的关键。在高职高等数学教学中，教师应注重向学生传授有效的学习策略，如制订学习计划、合理安排时间、选择适合的学习资料、运用记忆技巧等。这些策略可以帮助学生更好地掌握数学知识，提高学习效率，同时也为他们未来的自主学习奠定了坚实的基础。

培养批判性思维，鼓励探索创新。批判性思维是自主学习的重要特征之一。在高职高等数学教学中，教师应鼓励学生敢于质疑、勇于探索，培养他们独立思考、分析问题、解决问题的能力。通过引导学生参与课堂讨论、完成课后作业、参与科研项目等方式，让他们在实践中锻炼自己的批判性思维和创新精神。

（二）构建支持性学习环境：助力终身学习的旅程

除了培养学生自主学习的能力和习惯，高职高等数学教学还应致力于构建一个支持性的学习环境，为学生的终身学习提供有力保障。

建立开放的学习资源平台。随着信息技术的飞速发展，网络已成为人们获取知识的重要渠道。高职院校应充分利用这一优势，建立开放的学习资源平台，为学生提供丰富多样的数学学习资源。这些资源可以包括在线课程、教学视频、学习软件、电子图书等，供学生随时随地自主学习。

加强师生互动与交流。师生互动与交流是支持性学习环境的重要组成部分。在高职高等数学教学中，教师应积极与学生建立良好的师生关系，关注他们的学习进展和困惑，及时给予指导和帮助。同时，还应鼓励学生之间的交流与合作，通过小组讨论、合作学习等方式，促进彼此之间的思想碰撞和知识共享。

建立多元化的评价体系。评价体系是检验教学效果、促进学生发展的重要手段。在高职高等数学教学中，应建立多元化的评价体系，既关注学生的学习成果，又重视他们的学习过程和学习态度。通过采用自我评价、同伴评价、教师评价等多种评价方式，全面评估学生的数学素养和自主学习能力，为他们提供个性化的学习建议和发展方向。

高职高等数学教学应致力于培养学生自主学习的能力和习惯，为他们的终身学习奠定坚实的基础。通过激发学习兴趣、教授学习策略、培养批判性思维以及构建支持性学习环境等措施的实施，我们可以帮助学生掌握数学知识、提高学习效率、培养创新精神和实践能力，为他们未来的职业生涯和人生发展奠定坚实的基础。

五、融入信息技术

随着信息技术的飞速发展，教育领域正经历着前所未有的变革。在高职高等数学教学中，信息技术的融入不仅为教学过程带来了创新活力，还极大地提高了教学效率与效果，促进了教学资源的共享与开放。

（一）构建数字化教学环境

信息技术的首要贡献在于为高职高等数学教学构建了一个全新的数字化教学环境。通过引入多媒体教学设备、智能教学平台以及在线教育工具等，教师可以更加灵活地组织教学活动，将抽象的数学概念与定理以图像、动画、视频等直观形式展现给学生，从而降低学习难度，激发学生的学习兴趣。同时，数字化教学环境还支持远程教学与在线学习，打破了传统教学的时空限制，为学生提供了更加便捷、个性化的学习体验。

（二）丰富教学资源与手段

信息技术的融入极大地丰富了高职高等数学教学的资源与手段。网络上存在海量的数学教育资源，包括电子教材、教学视频、在线题库、虚拟实验室等，这些资源为教师备课与学生自学提供了丰富的素材。教师可以根据学生的实际情况和学习需求，灵活选择和整合这些资源，设计出更加符合学生认知规律和学习特点的教学方案。此外，信息技术还支持个性化学习路径的定制，通过智能推荐系统为每位学生提供量身定制的学习资源和练习题目，帮助他们在适合自己的节奏下逐步提升数学能力。

（三）创新教学模式与方法

信息技术的融入为高职高等数学教学模式与方法的创新提供了广阔的空间。教师可以利用信息技术手段开展翻转课堂、混合式学习等新型教学模式，将知识的传授与内化过程进行重构，使学生在课前通过自主学习掌握基础知识，课堂上则更多地用于讨论、探究和解决问题。这种教学模式不仅提高了学生的自主学习能力，还促进了师生之间的深度互动与交流。同时，信息技术还支持互动式教学、游戏化学习等教学方法的应用，通过模拟实验、数学游戏等方式，让学生在轻松愉快的氛围中掌握数学知识与技能。

（四）提升教学评估与反馈效率

信息技术的融入极大地提升了高职高等数学教学的评估与反馈效率。传统的教学评估往往依赖于纸质作业、考试等单一形式，存在耗时费力、反馈滞后等问题。而信息技术则支持即时反馈与数据分析功能，教师可以通过在线作业系统、智能测评工具等快速收集学生的学习数据并进行深入分析，了解学生的学习状况与问题所在。同时，信息技术还支持个性化反馈与指导功能的实现，教师可以根据学生的学习数据为其提供有针对性的学习建议与指导方案，帮助学生及时调整学习策略与方法。

（五）促进教学资源的共享与开放

信息技术的融入促进了高职高等数学教学资源的共享与开放。通过网络平台与开放教育资源（OER）的推广与应用，优秀的数学教育资源得以跨越地域与学校的界限被分享与交流。这不仅有助于缩小教育差距、促进教育公平，还有助于教师之间的相互学习与共同进步。同时，开放教育资源还为学生提供了更加多元化的学习选择与机会，使他们能够根据自己的兴趣与需求选择适合自己的学习路径与资源。

信息技术的融入为高职高等数学教学带来了深刻的变革与创新。通过构建数字化教学环境、丰富教学资源与手段、创新教学模式与方法、提升教学评估与反馈效率以及促进教学资源的共享与开放等措施的实施，可以进一步提高高职高等数学教学的质量与效率，为学生的全面发展与终身学习奠定坚实的基础。

第二节 高职高等数学教学的特点

一、内容精练实用

在高职高等数学的教学实践中，内容的精练与实用是提升教学质量、满足学生专业需求的关键所在。面对高职学生群体，其学习特点与未来职业导向要求我们在教学内容的选择上必须有所侧重，既要确保知识的系统性，又要突出其实用性和针对性。

（一）精选核心内容，构建精练框架

高职高等数学的教学内容应紧密围绕专业需求，精选核心知识点，构建精练的教学框架。这意味着在教学内容的选择上，我们需要剔除烦琐、冗长的理论推导，将重点放在基本概念、基本原理、基本方法以及它们在专业领域中的应用上。例如，在微积分部分，可以重点讲解导数、微分、积分等基本概念及其在计算物理量、优化问题、求解动态系统等方面的应用，而对于复杂的定理证明和公式推导，则可以适当简化或作为课后拓展内容供有兴趣的学生自学。

（二）强化实际应用，提升问题解决能力

教学内容的实用性是高职高等数学教学的另一大特点。为了让学生更好地掌握数学知识并能在未来职业生涯中灵活运用，我们需要在教学过程中强化数学知识的实际应用。这可以通过引入与专业紧密相关的实际问题、案例分析、实验实训等方式来实现。例如，在教授线性代数时，可以结合工程技术、经济管理等领域中的实际问题，讲解矩阵运算、线性方程组求解等知识点在其中的应用；在概率论与数理统计部分，则可以结合市场调研、质量控制等场景，讲解随机事件、概率计算、统计推断等内容的实际应用。

（三）注重知识衔接，构建完整知识体系

尽管我们强调教学内容的精练与实用，但并不意味着要割裂数学知识之间的内在联系。相反，我们需要在精简教学内容的同时，注重知识之间的衔接与融合，帮助学生构建起完整的知识体系。这要求我们在教学过程中既要注重局部知识的深入讲解，又要关注整体知识结构的构建。例如，在微积分部分的教学中，我们可以将极限、导数、微分、积分等知识点串联起来，形成一个有机的整体；在概率论与数理统计部分的教学中，则可以引导学生理解随机现象背后的统计规律，以及如何利用这些规律进行数据分析与决策。

（四）灵活调整教学内容，适应专业发展变化

随着科学技术的不断进步和产业升级的加速推进，各专业领域对数学知识的需求也在不断变化。因此，高职高等数学教学内容的精练与实用还需具备灵活性，能够根据专业发展变化进行适时调整。这要求我们在教学过程中保持敏锐的洞察力，关注行业动态和技术发展趋势，及时将新知识、新技术融入教学内容中。同时，我们还需要建立反馈机制，收集学生对教学内容的反馈意见，以便更好地满足学生的学习需求和专业发展要求。

高职高等数学教学内容的精练与实用是提升教学质量、满足学生专业需求的重要途径。通过精选核心内容、强化实际应用、注重知识衔接以及灵活调整教学内容等措施的实施，可以为高职学生提供更加高效、实用的数学教育服务，为他们未来的职业生涯和人生发展奠定坚实的基础。

二、注重实践应用

在高职高等数学教学中，注重实践应用是提升学生数学素养、培养其应用能力和创新能力的关键所在。通过加强数学实验、数学建模等实践教学环节，不仅能使学生深入理解数学理论，还能激发他们探索未知、解决实际问题的兴趣与潜能。

（一）构建实践教学体系

要有效实施实践教学，首先需要构建一个完善的实践教学体系。这包括明确实践教学的目标、内容、方法以及评价体系。教学目标应聚焦于培养学生的数学应用能力、创新思维能力和团队协作能力；教学内容则应紧密结合专业需求，选取具有实际应用价值的数学问题作为实验和建模的素材；教学方法，可采用项目式学习、探究式学习等模式，让学生在解决问题的过程中主动学习和探索；评价体系则需注重过程评价与结果评价相结合，全面评估学生的实践能力与创新成果。

（二）加强数学实验教学

数学实验是提升学生数学应用能力的重要途径。通过设计一系列与课程内容紧密相关的数学实验，如微积分实验、线性代数实验等，可以让学生在动手操作中直观感受数学原理的奥秘，加深对数学概念和定理的理解。同时，数学实验还能培养学生的观察力、想象力和动手能力，为他们将来从事科学研究或工程技术工作打下坚实的基础。在实验教学中，教师应注重引导学生发现问题、分析问题并尝试解决问题，培养他们的批判性思维能力和创新能力。

（三）推广数学建模活动

数学建模是将数学理论与实际问题相结合的重要桥梁。通过参与数学建模活动，学生可以学会如何将抽象的数学语言转化为解决实际问题的有力工具。高职院校应积极推广数学建模活动，组织学生参加各类数学建模竞赛或项目研究，为他们提供展示才华、锻炼能力的平台。在建模过程中，学生需要综合运用所学的数学知识、计算机技术和优化方法等知识，对实际问题进行抽象、简化和求解，这一过程不仅考验了他们的数学素养和创新能力，还培养了他们的团队协作精神和解决实际问题的能力。

（四）融合专业背景，强化应用导向

高职高等数学的教学应紧密融合学生的专业背景，强化应用导向。不同专业的学生对数学知识的需求和应用场景各不相同，因此在教学过程中应充分考虑学生的专业特点和发展需求，选取与其专业紧密相关的数学问题作为教学案例和实验素材。这样不仅可以激发学生的学习兴趣和动力，还可以使他们在学习过程中感受到数学的实用性和价值所在。同时，教师还应引导学生关注行业前沿和热点问题，鼓励他们运用所学的数学知识去分析和解决这些实际问题，以培养他们的创新意识和实践能力。

（五）提升教师实践教学能力

教师是学生学习的引路人和指导者，其实践教学能力的高低直接影响到实践教学的效果和质量。因此，高职院校应重视提升教师的实践教学能力，通过组织培训、交流研讨等方式帮助他们更新教学理念、掌握先进的教学方法和技术手段。同时，还应鼓励教师积极参与科研项目和工程实践，积累丰富的实践经验并将其融入教学中。此外，高职院校还应建立健全的教学激励机制和评价体系，激发教师投身于实践教学的积极性和创造性。

注重实践应用是高职高等数学教学的必然要求和发展趋势。通过构建完善的实践教学体系、加强数学实验教学、推广数学建模活动、融合专业背景以及提升教师实践教学能力等措施的实施，可以有效地提升高职学生的数学应用能力和创新能力，为他们未来的职业发展奠定坚实的基础。

三、教学方法多样

（一）问题导向教学法：激发探索欲，引领主动学习

在高职高等数学教学中，问题导向教学法是一种有效的教学策略，它通过设计具有挑战性和启发性的问题，引导学生主动思考、积极探索，从而激发他们的学习兴趣和积极性。这种方法不仅有助于加深学生对数学概念的理

解，还有助于培养他们的问题解决能力和创新思维。

具体而言，教师可以根据教学内容和学生的实际情况，精心设计一系列由浅入深、环环相扣的问题链。这些问题应当贴近学生生活或专业背景，能够引发学生的共鸣和兴趣。在教学过程中，教师可以通过提问、引导讨论、提供线索等方式，逐步引导学生深入思考，探索问题的答案。同时，鼓励学生之间进行交流与合作，共同解决问题，形成积极向上的学习氛围。

（二）案例教学法：理论联系实际，增强学习实效性

案例教学法是高职高等数学教学中另一种重要的教学方法。它通过引入真实或模拟的案例，将抽象的数学知识与具体的实际问题相结合，使学生在分析案例、解决问题的过程中掌握数学知识，提高应用能力。在运用案例教学法时，教师需要精心挑选与教学内容紧密相关的案例，确保案例具有代表性、典型性和启发性。在教学过程中，教师可以通过呈现案例背景、提出问题、引导学生分析讨论、总结归纳等步骤，逐步引导学生深入理解数学知识在解决实际问题中的应用。同时，鼓励学生结合所学知识，提出自己的见解和解决方案，以培养他们的创新思维和实践能力。

（三）合作学习法：促进交流互动，提升团队协作能力

合作学习法是高职高等数学教学中促进学生交流互动、提升团队协作能力的重要途径。它通过将学生分成若干小组，共同完成任务或解决问题，使学生在相互合作、相互学习的过程中实现知识的共享与提升。

在运用合作学习法时，教师需要合理分组，确保每个小组内部成员之间具有一定的互补性和协作性。同时，要明确小组任务和目标，为小组提供必要的指导和支持。在教学过程中，应鼓励学生积极参与小组讨论和合作，共同解决问题。同时，应建立有效的评价机制，对小组的合作成果进行客观、公正的评价，以激发学生的积极性和创造力。此外，教师还可以结合现代信

息技术手段，如在线学习平台、多媒体教学工具等，为合作学习提供更加便捷、高效的支持。通过利用这些技术手段，教师可以更好地组织和管理合作学习活动，提供丰富的学习资源和互动机会，进一步提升合作学习的效果和质量。

高职高等数学教学应采用问题导向、案例教学、合作学习等多种教学方法，以激发学生的学习兴趣和积极性。这些方法不仅能帮助学生更好地掌握数学知识，提高应用能力，还能培养他们的创新思维、问题解决能力和团队协作能力，为他们未来的职业生涯和人生发展奠定坚实的基础。

四、评价体系完善

在高职高等数学教学中，评价体系是检验教学效果、促进学生全面发展的关键环节。传统的评价体系往往侧重于对学生知识掌握程度的单一评价，要忽视了对学生学习过程、应用能力、创新能力等多方面的考察。因此，建立多元化评价体系，全面、客观地评价学生的学习成效，成为高职高等数学教学改革的重要方向。

（一）确立多元化评价理念

多元化评价体系的建立，首先需确立以学生为中心、全面发展的评价理念。这意味着评价应关注学生的个体差异和成长过程，不仅是对最终学习成果的考量，更是对学生学习态度、学习方法、创新能力等多方面综合素质的评估。通过多元化评价，旨在促进学生自我认知、自我反思和自我提升，将其培养成为具有创新精神和实践能力的高素质人才。

（二）设计多元化评价指标

在多元化评价体系中，评价指标的设定是核心环节。针对高职高等数学的学科特点，应设计涵盖知识掌握、技能应用、创新能力、学习态度等多个维度的评价指标。具体来说，知识掌握方面可包括基础概念理解、定理证明、公式运用等；技能应用方面可强调数学软件操作、数学建模、实际问题解决等；创新能力方面则关注学生在解题过程中的新思路、新方法以及对知识的创造性应用；学习态度方面则评价学生的出勤率、课堂参与度、作业完成情况等。这些评价指标相互补充，共同构成对学生学习成效的全面评估。

（三）采用多样化评价方法

为了实现多元化评价，需采用多样化的评价方法。除了传统的笔试、作业评价，还应引入课堂观察、小组讨论、项目报告、口头报告等多种评价方式。课堂观察可以记录学生的学习状态、参与程度及与同学的互动情况；小组讨论可以考查学生的团队协作能力、沟通表达能力和批判性思维能力；项目报告和口头报告则能全面展示学生的创新思维能力和实践能力。这些多样化的评价方法能够更加全面、真实地反映学生的学习情况，促进评价结果的公正性和准确性。

（四）注重过程性评价与终结性评价相结合

在多元化评价体系中，应注重过程性评价与终结性评价的有机结合。过程性评价关注学生在学习过程中的表现和努力程度，旨在及时发现问题和解决问题，调整教学策略，促进学生的持续发展。终结性评价则是对学生学习成果的最终检验，是对学生学习成效的总结性评价。将两者相结合，既能全面反映学生的学习情况，又能激励学生重视学习过程，从而提高学习效率。

（五）建立反馈机制，促进评价结果的有效运用

评价结果的反馈是多元化评价体系的重要组成部分。通过及时、有效的反馈机制，教师可以了解学生的学习情况，发现存在的问题和不足，为后续的教学提供有针对性的指导。同时，学生也能通过反馈了解自己的学习进展和存在的问题，明确努力方向和改进措施。为了促进评价结果的有效运用，还应建立相应的激励机制和奖惩制度，以鼓励学生在学习中不断进步和创新。

（六）强化评价体系的持续改进与完善

多元化评价体系的建立并不是一蹴而就的过程，而是需要在教学实践中不断检验、调整和完善。因此，应建立评价体系的持续改进机制，定期对评价指标、评价方法和评价结果进行分析和总结，发现存在的问题和不足，并提出改进措施和建议。同时，还应鼓励学生和教师积极参与评价体系的改进工作，共同推动高职高等数学教学质量的不断提升。

建立多元化评价体系是高职高等数学教学改革的重要任务之一。通过确立多元化评价理念、设计多元化评价指标、采用多样化评价方法、注重过程性评价与终结性评价相结合、建立反馈机制以及强化评价体系的持续改进与完善等措施的实施，可以全面、客观地评价学生的学习成效，促进学生的全面发展和创新能力的提升。

五、师资队伍优化

（一）构建多元化培训体系，提升教学能力

在高职高等数学教学中，教师队伍的专业素养和教学能力直接关系到教学质量和效果。因此，构建多元化、系统化的培训体系，是加强数学教师队伍建设的重要途径。这一体系应涵盖教学理论、教学技能、教育技术应用等多个方面，旨在全面提升教师的综合素质和教学能力。

首先，应定期组织教师参加各类教学研讨会、工作坊和进修班，邀请国内外知名教育专家进行专题讲座和示范教学，帮助教师掌握最新的教学理念和教学方法。同时，应鼓励教师之间的交流与合作，分享教学经验，相互借鉴，共同进步。其次，应加强教学技能的培训。这包括课程设计、教学方法、课堂管理等方面的训练。通过模拟教学、教学观摩、教学反思等方式，帮助教师提高教学技巧，优化教学过程，使课堂教学更加生动有趣，从而激发学生的学习兴趣和积极性。随着信息技术的飞速发展，教育技术的应用已成为

现代教学不可或缺的一部分。因此，还需加强教师信息技术应用能力的培训，如多媒体课件制作、在线教学资源开发、虚拟仿真实验等，使教师能够熟练运用现代信息技术手段，从而提升教学效果。

（二）强化科研导向，促进教学相长

教学与科研是相辅相成的两个方面。通过科研活动，教师可以深入了解学科前沿动态，拓宽学术视野，提升专业素养；同时，将科研成果融入教学之中，可以丰富教学内容，提高教学质量。因此，加强数学教师的科研能力培养，是提升其教学水平和质量的重要手段。

一方面，应鼓励教师积极参与科研项目的申报和研究工作，为其提供必要的经费支持和时间保障。通过科研项目的研究，教师可以深入探索学科领域内的热点和难点问题，形成具有创新性的研究成果，提升个人学术影响力。另一方面，应建立教学与科研相互促进的机制。鼓励教师将科研成果转化为教学资源，如编写教材、开发教学案例、制作教学视频等，使科研成果能够惠及广大学生。同时，引导学生参与科研项目的研究工作，培养学生的科研意识和创新能力，实现教学相长的良性循环。

（三）完善评价激励机制，激发教师积极性

完善评价激励机制是加强数学教师队伍建设的重要保障。科学合理的评价体系和激励机制，可以激发教师的工作热情和创造力，促进其不断提升自身素质和教学能力。建立多元化的评价体系。除了传统的学生评价、同行评价，还应引入教学质量监控、教学成果展示等多种评价方式，全面、客观地反映教师的教学水平和成果。同时，应注重评价结果的反馈和应用，帮助教师及时发现自身存在的问题和不足，明确改进方向。

完善激励机制。通过设立教学奖、科研奖、优秀教师奖等奖项，对在教学和科研方面表现突出的教师进行表彰和奖励；同时，将评价结果与教师职称评审、岗位聘任、绩效奖励等挂钩，形成有效的激励导向。这样不仅可以

激发教师的积极性和创造力，还可以促进教师之间的竞争与合作，共同推动高职高等数学教学事业的发展。

第三节　高职学生的数学学习现状

一、基础差异大

在高职高等数学的教学实践中，一个不可忽视的现实是学生之间的数学基础差异显著。这种差异不仅体现在学生对数学概念的理解深度上，还反映在他们的计算能力、逻辑思维以及问题解决能力等多个方面。面对这一挑战，教师需要采取一系列策略，以确保每位学生都能在适合自己的节奏下学习，提高整体教学效果。

（一）了解学生基础，实施分层教学

鉴于学生数学基础的显著差异，教师应首先通过摸底测试、问卷调查或课堂观察等方式，全面了解学生的数学基础水平。基于这些数据，教师可以实施分层教学，将学生按照数学基础的培养分为不同的学习小组。对于基础薄弱的学生，可以设计更为基础的教学内容，注重基本概念和技能的巩固；而对于基础较好的学生，则可以提供更具挑战性的学习资料，以激发他们的探索欲和求知欲。分层教学有助于满足不同学生的学习需求，使每位学生都能在适合自己的难度下获得进步。

（二）强化基础知识，构建学习桥梁

针对部分学生数学基础薄弱的问题，教师应在教学过程中特别注重基础知识的强化。可以通过复习初中阶段的数学内容，帮助学生填补知识的空白，构建完整的知识体系。同时，教师还可以设计一些过渡性的教学内容，将初

中与高职的数学知识有机地衔接起来，为学生搭建起从基础到高级的学习桥梁。这样不仅能帮助学生更好地理解新知识，还能增强他们的学习信心。

（三）采用多样化教学方法，激发学习兴趣

为了应对学生基础差异大的问题，教师应采用多样化的教学方法，以激发学生的学习兴趣和积极性。例如，可以采用启发式教学，通过提出问题、引导学生思考的方式，激发学生的求知欲；也可以采用探究式学习，让学生在解决问题的过程中主动探索、发现新知；还可以利用多媒体、数学软件等现代教学手段，使抽象的数学概念变得直观、生动，降低学习难度。多样化的教学方法能够满足不同学生的学习风格和学习需求，有利于提高教学效果。

（四）加强课后辅导，弥补学习差距

除了课堂教学外，课后辅导也是帮助学生弥补学习差距、提高数学基础的重要途径。教师可以利用课余时间为学生提供个别辅导或小组辅导，针对学生在学习中遇到的问题进行有针对性的解答和指导。同时，教师还可以鼓励学生成立学习小组，相互帮助、共同进步。通过加强课后辅导和学习小组的建设，可以进一步缩小学生之间的数学基础差异，从而提高整体教学效果。

（五）建立学习档案，跟踪学习进展

为了及时了解学生的学习进展和存在的问题，教师可以为每位学生建立学习档案。学习档案可以记录学生的考试成绩、作业完成情况、课堂表现以及教师评语等信息。通过定期查看学习档案，教师可以发现学生的学习特点和问题所在，进而调整教学策略和方法。同时，学习档案还可以作为学生自我反思和评价的依据，帮助他们明确自己的学习目标和努力方向。

（六）培养自主学习能力，促进持续发展

面对学生数学基础差异大的问题，培养学生的自主学习能力尤为重要。教师可以通过教授学习方法、提供学习资源、鼓励自主学习等方式，帮助学

生逐步掌握自主学习的技能和方法。当学生具备了自主学习能力后，他们就能根据自己的实际情况制订学习计划、选择学习资料、调整学习节奏，从而更加有效地提高数学基础和学习效果。此外，自主学习能力还有助于学生在未来的学习和工作中持续发展和成长。

针对高职学生数学基础差异显著的问题，教师需要采取一系列策略来应对这一挑战。通过了解学生基础、强化基础知识、采用多样化教学方法、加强课后辅导、建立学习档案以及培养自主学习能力等措施的实施，可以帮助学生逐步缩小数学基础差异，从而提高学习效果和创新能力。

二、学习兴趣不高

（一）探究兴趣缺失根源，多维度剖析原因

在高职高等数学教学中，部分学生表现出对数学学习的兴趣不高，这一现象背后蕴含着复杂的原因，需从多个维度进行深入剖析。一方面，数学知识本身的抽象性和逻辑性较强，对于部分学生而言，可能存在一定的学习难度和障碍。当学生面对复杂的数学概念和公式时，如果缺乏必要的引导和支持，容易产生挫败感和畏难情绪，进而失去学习的兴趣和动力。另一方面，传统教学模式的单一性和枯燥性也是导致学生兴趣缺失的重要原因之一。传统的数学教学往往侧重于知识的灌输和习题的演练，而忽视了对学生学习兴趣和积极性的培养。在这种模式下，学生往往处于被动接受的状态，缺乏主动探索和发现的机会，因此难以体验到数学学习的乐趣和价值。

学生的学习态度、学习习惯以及外部环境等因素也可能对学习兴趣产生影响。例如，部分学生可能对学习缺乏明确的目标和规划，缺乏自律性和毅力；或者受到家庭、社会等外部因素的干扰和影响，无法专注于学习。这些因素都可能削弱学生的学习动力和兴趣。

（二）创新教学策略，激发学习兴趣

针对学生学习兴趣不高的问题，高职高等数学教学应积极探索创新的教学策略，以激发学生的学习兴趣和积极性。可以采用多样化的教学方法和手段。例如，引入问题导向教学法、案例教学法、合作学习法等新型教学模式，通过设计具有挑战性和启发性的问题、引入贴近学生生活或专业背景的案例、组织学生进行小组讨论和合作探究等方式，引导学生主动思考、积极参与，从而激发学生的学习兴趣和求知欲。

应注重数学与实际生活的联系。通过引导学生观察身边的数学现象、解决实际问题等方式，让学生感受到数学学习的实用性和趣味性。同时，可以利用多媒体、网络等现代信息技术手段，丰富教学资源，拓展教学空间，使数学教学更加生动、形象、直观。

此外，还可以开展丰富多彩的数学课外活动。例如，组织数学竞赛、数学讲座、数学文化节等活动，为学生提供展示自我、交流学习的平台；或者引导学生参与数学科研项目的研究工作，培养学生的科研意识和创新能力。这些活动不仅可以拓宽学生的知识面和视野，还可以激发学生的学习兴趣和热情。

（三）关注学生个体差异，实施差异化教学

在高职高等数学教学中，学生之间的个体差异是客观存在的。为了激发学生的学习兴趣和积极性，教师应关注学生的个体差异，实施差异化教学。教师应了解学生的学习基础、学习习惯、兴趣爱好等方面的差异，并根据这些差异制订个性化的教学计划和方案。例如，对于基础较差的学生，可以提供更多的辅导和支持；对于学习兴趣浓厚的学生，则可以提供更多的拓展学习资源。

教师应注重因材施教，根据学生的不同特点和学习需求采用不同的教学方法和手段。例如，对于喜欢动手实践的学生，可以通过实验、操作等方式

进行教学；对于喜欢思考的学生，则可以提供更多的思考题和探究题。教师应建立多元化的评价体系，关注学生的全面发展。除了传统的考试成绩，还可以将学生的课堂表现、作业完成情况、参与课外活动的积极性等方面纳入评价体系中。这样可以更全面地反映学生的学习情况和能力水平，同时也可以激发学生的学习兴趣和积极性。

三、学习方法不当

在高职高等数学的教学实践中，一个普遍存在的问题是部分学生缺乏有效的学习方法，这不仅限制了他们学习效率的提升，也直接影响了其学习成绩的表现。针对这一现状，探索并推广适合高职学生的高效学习方法，成为提升教学质量、促进学生全面发展的关键所在。

（一）明确学习目标，树立学习动力

学习目标的明确是学习方法优化的第一步。学生应根据自身的实际情况，结合课程要求和个人发展需求，设定具体、可达成的学习目标。这些目标应既有短期内的具体任务，如掌握某个数学定理或完成一次作业，也有长期的学习规划，如通过期末考试或提升数学应用能力。明确的学习目标能够激发学生的学习动力，使他们更加主动地投入学习中。

（二）掌握基础概念，构建知识体系

高等数学的学习是建立在扎实的基础概念之上的。学生应重视对数学基础概念的理解和掌握，通过反复阅读教材、做笔记、参加课堂讨论等方式，以加深对基础概念的理解和记忆。同时，学生还应注重知识体系的构建，将所学的知识点串联起来，形成完整的知识网络。这样有助于他们在解题时迅速找到切入点，从而提高解题效率。

（三）培养逻辑思维，强化数学思维训练

高等数学的学习需要具备较强的逻辑思维能力。学生应通过大量的练习

和思考，培养自己的逻辑思维能力，学会从已知条件出发，通过推理、演绎等方法得出结论。此外，学生还应注重数学思维的训练，学会运用数学语言、符号和图形来表达和解决问题。这些训练不仅有助于提高学生的数学素养，还有助于培养他们的创新意识和解决问题的能力。

（四）灵活运用多种学习资源，拓宽学习渠道

在信息化时代，学生应充分利用多种学习资源来拓宽自己的学习渠道。除了传统的教材、参考书和习题集，学生还可以通过网络课程、在线视频、数学软件等多种途径获取学习资源。这些资源不仅内容丰富、形式多样，还能为学生提供个性化的学习体验和反馈。学生应根据自己的学习需求和兴趣爱好，灵活选择适合自己的学习资源，以提高学习效率和质量。

（五）注重反思与总结，提升学习效率

反思与总结是学习方法优化中不可或缺的一环。学生应养成定期反思和总结的习惯，对自己的学习过程进行全面的回顾和评估。通过反思和总结，学生可以发现自己在学习中存在的问题和不足，并找到改进的方法和策略。同时，学生还可以将自己的学习经验和心得记录下来，与他人分享和交流，共同促进学习成效的提升。

（六）培养自主学习能力，实现终身学习

在快速变化的社会中，自主学习能力成为个人发展的重要能力之一。学生应在学习过程中逐渐培养自己的自主学习能力，学会独立地获取知识、解决问题和评估学习效果。这包括制订学习计划、选择学习资料、监控学习过程以及评估学习成果等方面的能力。当学生具备了自主学习能力后，他们就能更加主动地适应不同的学习环境和挑战，从而实现终身学习和持续发展。

（七）教师引导与支持，构建良好学习环境

在优化学生学习方法的过程中，教师的引导和支持至关重要。教师应积

极关注学生的学习动态和困难，为他们提供及时的指导和帮助。同时，教师还应构建良好的学习环境，包括营造积极向上的学习氛围、提供丰富多样的学习资源以及组织多样化的教学活动等。这些措施有助于激发学生的学习兴趣和动力，从而提高他们的学习效率和成绩表现。

针对高职学生中存在的学习方法不当问题，需要从明确学习目标、掌握基础概念、培养逻辑思维、灵活运用学习资源、注重反思与总结、培养自主学习能力以及教师引导与支持等多个方面入手进行优化。通过这些措施，可以帮助学生掌握科学的学习方法，提高学习效率和质量，为未来的学习和职业发展奠定坚实的基础。

四、实践能力不足

（一）审视实践能力现状，明确提升方向

在高职高等数学教学中，学生实践能力不足是一个普遍存在的问题。这主要表现为学生在面对实际问题时，难以将所学的数学知识有效地应用于解决问题中，缺乏将理论知识转化为实践能力的桥梁。为了解决这一问题，我们首先需要深入审视当前学生实践能力的现状，明确提升的方向和重点。

一方面，要认识到传统教学模式在培养学生实践能力方面的局限性。传统的数学教学往往侧重于理论知识的传授和习题的演练，而忽视了对学生实践能力的培养。在这种模式下，学生虽然掌握了大量的数学概念和公式，但在面对实际问题时却往往感到无从下手，缺乏将知识应用于实践的能力。另一方面，要关注到学生在实践过程中的薄弱环节。例如，部分学生在理解问题、分析问题、构建数学模型等方面存在困难；部分学生在运用数学软件进行计算、绘图等方面缺乏必要的技能；还有部分学生在团队合作、沟通交流等方面存在不足。这些薄弱环节都限制了学生实践能力的提升。

（二）构建实践教学体系，强化实践环节

针对学生实践能力不足的问题，高职高等数学教学应构建完善的实践教学体系，以强化实践环节的教学。要优化课程设置，增加实践课程的比重。在保持理论教学系统性的同时，应适当减少理论课程的课时量，增加实践课程的课时量。实践课程可以包括实验课、实训课、项目课等多种形式，旨在通过动手操作、亲身体验等方式，加深学生对数学知识的理解和应用。

要加强实践基地建设，为学生提供良好的实践环境。学校可以与企业、科研机构等合作，建立校外实践基地；同时，也可以在校内建设实验室、实训室等实践场所，为学生提供必要的设备和资源。通过这些实践基地的建设，学生可以接触到更多的实际问题，并在实践中锻炼自己的实践能力。此外，还可以开展丰富多彩的实践活动，如数学竞赛、数学建模比赛、科研项目等。这些活动不仅可以激发学生的学习兴趣和积极性，还可以为他们提供展示自我、交流学习的平台。通过参与这些活动，学生可以锻炼自己解决问题的能力、团队协作能力、创新能力等综合素质。

（三）加强实践教学指导，提升教学效果

在实践教学过程中，教师的指导和支持是至关重要的。为了提升学生的实践能力，教师应加强实践教学指导，提升教学效果。教师要转变教学观念，树立以学生为中心的教学理念。在实践教学中，教师应注重培养学生的自主学习能力和创新能力，鼓励他们主动探索、积极实践。同时，教师还应关注学生的个体差异和学习需求，为其提供个性化的指导和支持。

教师应提升自身的教学能力和专业素养。实践教学要求教师不仅要具备扎实的数学理论知识，还要具备丰富的实践经验和教学技巧。因此，教师应不断学习和更新自己的知识结构和教学方法，以适应实践教学的需要。教师要加强与学生的沟通和交流。在实践教学过程中，教师应与学生保持密切的联系和沟通，及时了解他们的学习情况和需求。同时，教师还应鼓励学生提

出问题和建议，共同探讨解决问题的方法和途径。这样可以增强师生之间的互动和合作，从而提升实践教学的效果和质量。

五、学习态度需端正

在高职高等数学的教学体系中，学生的学习态度是影响学习效果的关键因素之一。部分学生因学习态度不端正，缺乏自律性和毅力，导致学习动力不足，成绩难以提升。为了改善这一状况，我们需要从多个方面入手，引导学生树立正确的学习态度，以培养其自律性和坚持精神。

（一）认识学习价值，激发内在动力

学生需要深刻认识到高等数学学习的价值所在。高等数学不仅是专业知识体系的重要组成部分，更是培养学生逻辑思维能力、分析解决问题能力以及创新能力的重要工具。通过高等数学的学习，学生可以掌握一种科学的语言和工具，为未来的学习、工作和生活打下坚实的基础。因此，教师应通过多种方式向学生传达这一理念，帮助他们认识到学习高等数学的重要性和必要性，从而激发他们的内在学习动力。

（二）设定明确目标，增强学习方向感

明确的学习目标是学习态度端正的重要体现。明确的学习目标能够为学生指明方向，增强他们的学习方向感和紧迫感，促使他们更加专注地投入学习中。

（三）培养自律习惯，提升自我管理能力

自律性是学习态度端正的重要标志。学生应努力培养自己的自律习惯，学会合理安排时间、制订学习计划并严格执行。在日常生活中，学生可以通过设定闹钟、制定时间表、使用学习管理工具等方式来提升自己的自我管理能力。同时，学生还应学会抵制诱惑、克服拖延症等不良习惯，保持对学习的专注和热情。自律习惯的培养是一个长期的过程，需要学生的坚持和努力。

（四）坚持持续学习，培养毅力精神

高等数学的学习是一个持续的过程，需要学生具备足够的毅力和坚持精神。学生应树立持续学习的观念，认识到学习是一个不断积累、不断进步的过程。在面对学习困难和挑战时，学生应保持积极的心态和坚定的信念，勇于克服困难和挑战。同时，学生还应学会从失败中吸取教训、总结经验，不断调整自己的学习方法和策略。持续学习和毅力精神的培养将有助于学生更好地应对未来的学习和生活挑战。

（五）营造良好氛围，促进学习共同体建设

良好的学习氛围对于学生学习态度的端正具有积极的影响。学校和教师应积极营造积极向上的学习氛围，鼓励学生之间相互学习、相互帮助、共同进步。同时，学校和教师还可以组织各种形式的学习活动、竞赛和讲座等，以激发学生的学习兴趣和热情。此外，学校还应建立健全的激励机制，对表现优秀的学生给予表彰和奖励，对表现不佳的学生进行指导和帮助。通过这些措施的实施，可以促进学生之间的交流和合作，形成学习共同体，共同推动高等数学教学质量的提升。

（六）加强家校合作，共同关注学生成长

学生学习态度的端正需要家校双方的共同努力。家长应积极参与孩子的学习过程，关注孩子的学习动态和困难，与孩子进行沟通和交流。同时，家长还应给予孩子足够的支持和鼓励，帮助他们树立信心、克服困难。学校也应加强与家长的沟通和联系，及时向家长反馈学生的学习情况和表现，共同商讨解决学生学习问题的方法和策略。家校合作将有助于学生更加全面地认识到自己的学习责任和义务，从而更加积极地投入学习中。

端正学习态度是提高高职高等数学教学效果的重要途径。通过认识学习价值、设定明确目标、培养自律习惯、坚持持续学习、营造良好氛围以及加

强家校合作等多方面的努力，可以引导学生树立正确的学习态度，培养他们的自律性和毅力精神，从而为他们未来的学习和职业发展奠定坚实的基础。

第四节 当前高职高等数学教学中的问题与挑战

一、教学内容与需求脱节

（一）审视教学内容与职业需求的错位

在高职高等数学教学中，教学内容与职业需求的脱节是一个亟待解决的问题。随着社会的快速发展和产业结构的不断调整，各行各业对于人才的需求也在不断变化。然而，当前部分高职高等数学的教学内容仍停留在传统的理论体系上，未能及时跟进和适应这些变化，导致学生所学知识与未来职业需求之间存在较大的差距。

（二）教学内容滞后于行业发展的现状

数学作为一门基础学科，其知识体系本身具有一定的稳定性和连续性。但与此同时，随着科学技术的进步和新兴产业的兴起，数学在各个领域的应用也在不断拓展和深化。然而，部分高职高等数学的教学内容却未能及时反映这些变化，仍然停留在传统的微积分、线性代数、概率统计等基础知识的讲授上，而对于与职业需求紧密相关的数学建模、数值计算、数据分析等现代数学方法和技术的介绍则显得不足。这种教学内容的滞后性，使得学生在面对实际工作时难以迅速适应和应用所学知识。

（三）职业需求导向下教学内容的缺失

从职业需求的角度来看，现代企业对员工的要求已经不仅仅局限于掌握基本的数学知识和技能，而是更注重员工解决实际问题的能力、创新思维能力和团队协作能力等综合素质。然而，在部分高职高等数学的教学中，却往往忽视了对学生这些能力的培养和训练。教学内容往往偏重于理论知识的灌输和习题的演练，而忽视了对学生数学应用能力的培养和训练。这导致学生在面对实际问题时往往无从下手，缺乏将数学知识转化为解决实际问题的能力。

（四）建立反馈机制，持续优化教学内容

为了确保教学内容与职业需求的紧密契合，还应建立有效的反馈机制。通过定期收集和分析学生、企业和社会对于教学内容的反馈意见，及时调整和优化教学内容和教学方法。同时，加强与企业和行业协会的合作与交流，了解行业发展趋势和人才需求变化，为教学内容的更新和优化提供有力支持。

二、教学方法单一陈旧

在高职高等数学的教学领域，部分教师仍固守传统的教学方法，这些方法往往侧重于知识的传授和灌输，而忽视了对学生思维能力、创新能力及实践能力的培养。这种单一陈旧的教学模式，不仅难以激发学生的学习兴趣，还可能抑制他们的学习主动性和创造性。因此，探索并实践创新、多元的教学方法，对于提升高职高等数学教学质量具有重要意义。

（一）融合信息技术，构建智慧课堂

随着信息技术的飞速发展，将其融入高职高等数学教学已成为不可逆转的趋势。智慧课堂通过利用多媒体、网络、虚拟现实等现代信息技术手段，为学生创造了一个更加直观、生动、互动的学习环境。在智慧课堂中，教师可以通过电子白板、教学软件等工具，将抽象的数学概念具象化，帮助学生更好地理解和掌握知识。同时，智慧课堂还支持学生自主学习、合作探究等多种学习模式，这有助于培养学生的自主学习能力、团队协作能力和创新精神。

（二）实施问题导向教学，激发学生思考

问题导向教学是一种以学生为中心的教学方法，它强调通过提出问题、分析问题、解决问题的过程来引导学生学习。在高职高等数学教学中，教师可以根据教学内容和学生的实际情况，设计一系列具有启发性、挑战性的问题，引导学生主动思考、积极探索。通过问题导向教学，不仅可以激发学生的学习兴趣和求知欲，还可以培养他们的批判性思维、创新思维和解决问题的能力。

（三）强化实践环节，促进知识应用

高等数学是一门理论性与应用性并重的学科。在高职高等数学教学中，教师应注重强化实践环节，将理论知识与实际应用相结合。通过组织实验、实训、项目研究等实践活动，让学生亲身体验数学在实际问题中的应用过程，加深其对数学原理和方法的理解。同时，实践环节还可以帮助学生掌握数学软件、数据分析等现代技术手段，从而提高他们的数学应用能力和职业素养。

（四）推广翻转课堂，实现教学翻转

翻转课堂是一种颠覆传统教学模式的新型教学方式。在翻转课堂中，教师将传统课堂中的讲授环节放在课外通过视频、阅读资料等形式让学生自主学习完成；而在课堂上则主要进行问题解答、讨论交流、实践操作等活动。这种教学方式不仅可以有效利用学生的课余时间进行个性化学习，还可以在课堂上为学生提供更多的互动机会和实践空间。在高职高等数学教学中推广翻转课堂模式，有助于培养学生的自主学习能力、团队协作能力和创新思维。

（五）注重差异化教学，满足学生个性化需求

每位学生的数学基础和学习能力都有所不同。因此，在高职高等数学教学中，教师应注重差异化教学，根据学生的实际情况制订个性化的教学计划和方案。通过分层教学、小组合作、个别辅导等方式，可以满足不同学生的

学习需求和发展水平。差异化教学不仅有助于提高学生的学习积极性和自信心，还有助于促进他们的全面发展和个性成长。

（六）加强教师培训，提升教学能力

教师是教学改革的主体和推动者。为了促进高职高等数学教学方法的创新与改革，学校应加强对教师的培训和支持。通过组织教学研讨会、工作坊、在线课程等方式，为教师提供最新的教学理念、教学方法和教学资源。同时，学校还应鼓励教师进行教学研究和实践探索，不断总结经验教训并分享交流成果。通过加强教师培训和支持力度，提升教师的教学能力和专业素养，为高职高等数学教学的创新与改革提供了有力保障。

针对高职高等数学教学中存在的教学方法单一陈旧问题，我们需要从融合信息技术、实施问题导向教学、强化实践环节、推广翻转课堂、注重差异化教学以及加强教师培训等多个方面入手进行创新和改革。通过这些措施的实施和推进，可以激发学生的学习兴趣和动力，培养他们的自主学习能力、创新思维和实践能力，为他们的未来发展奠定坚实的基础。

三、教学资源匮乏

（一）教学资源匮乏的现状与挑战

在高职高等数学教学中，教学资源匮乏是一个不容忽视的问题。随着教育规模的扩大和学生个性化学习需求的增长，传统的教学资源已难以满足当前的教学需求。这种资源匮乏不仅限制了教学内容的丰富性和多样性，也影响了学生学习效果的提升。

（二）教材与教辅资料的局限性

教材作为教学资源的核心组成部分，其质量和适用性直接影响到教学质量。然而，当前部分高职高等数学教材存在内容陈旧、体系单一、缺乏实践案例等问题，难以激发学生的学习兴趣和积极性。同时，配套的教辅资料也相对匮乏，难以满足学生多样化的学习需求。这导致学生在学习过程中往往只能依赖教材本身，缺乏拓展和深化的机会。

（三）教学设施与设备的不足

除了教材和教辅资料，教学设施和设备也是教学资源的重要组成部分。在高职高等数学教学中，需要借助计算机、数学软件、多媒体教学设备等多种教学设施来辅助教学。然而，部分高职院校在这些教学设施和设备方面的投入不足，导致教学条件受限，影响了教学效果的提升。例如，缺乏先进的计算机实验室和数学软件资源，使得学生在进行数值计算、数据分析等操作时感到困难；缺乏多媒体教学设备，使得课堂教学形式单一、缺乏生动性。

（四）教师资源的短缺与不均衡

教师是教学资源中最为关键的因素之一。然而，在高职高等数学教学中，教师资源的短缺与不均衡问题日益凸显。一方面，部分高职院校缺乏具有丰富教学经验和专业知识的数学教师，导致教学质量难以保证。另一方面，教师资源的分布也不均衡，一些热门或重点专业能够吸引更多的优秀教师，而一些冷门或基础学科则面临教师短缺的困境。这种教师资源的短缺与不均衡，不仅限制了教学内容的丰富性和深度，也影响了学生个性化学习需求的满足。

（五）全面拓展教学资源，促进多样化学习需求的满足

为了改变教学资源匮乏的现状，高职高等数学教学必须采取一系列综合措施，全面拓展教学资源，以更好地满足学生多样化的学习需求。教材与教辅资料的更新与多元化是首要任务。应鼓励教师与行业专家紧密合作，共同编写贴近职业实际、内容新颖、形式多样的教材和教辅资料。同时，积极引入国内外优秀教育资源，为学生提供更广泛的学习资料和选择空间。这样的

举措能够帮助学生更好地理解和掌握数学知识，同时激发他们对数学的兴趣和热情。

加强教学设施和设备的投入与建设同样重要。学校应加大对计算机实验室、数学软件资源库、多媒体教学设备等关键教学设施的投入，以确保学生能够在先进的设施环境中进行高效学习。这些设施不仅有助于提升学生的学习体验，还能为他们提供更多的实践机会和创新空间。

在教师资源方面，应致力于优化教师资源配置，提升教师队伍的整体素质。通过引进优秀人才、加强教师培训、建立合理的激励机制等措施，可以激励教师不断提升自己的教学水平和专业素养。同时，应鼓励教师积极参与教学研究和学术交流，以更广阔的视野和更前沿的知识来指导学生的学习。

充分利用网络资源与平台也是拓展教学资源的重要途径。应构建开放、共享、交互的网络教学资源平台，为学生提供便捷的学习途径和丰富的学习资源。通过在线课程、教学视频、学习社区等形式，学生可以随时随地获取所需的知识和信息，从而实现自主学习和合作学习。

关注学生的个性化学习需求是教学工作的核心。教师应深入了解学生的学习特点和需求，为他们提供个性化的教学方案和学习支持。通过分层教学、差异化教学等方式来满足不同层次学生的学习需求；通过开设选修课程、组织兴趣小组等方式来激发学生的兴趣和潜能；通过提供学习咨询、心理辅导等服务来帮助学生解决学习中的困难和问题。这些措施的实施将有助于学生更好地发挥自己的优势，实现个性化发展。

四、评价体系不科学

在高职高等数学的教学体系中，评价体系作为衡量学生学习成果和教学质量的重要工具，其科学性和合理性至关重要。然而，当前部分学校仍采用单一的考试评价方式，这种评价方式往往侧重于对学生记忆能力和应试技巧的考察，而忽视了对学生综合素质、创新能力及实际应用能力的全面评价。

这不仅无法真实反映学生的学习状况和发展潜力，还可能误导学生的学习方向，抑制其创新精神和个性的发展。因此，构建多元化、科学化的评价机制，对于促进高职高等数学教学质量的提升具有重要意义。

（一）拓宽评价维度，关注综合素质

传统的考试评价方式往往局限于知识掌握程度的考察，而忽视了学生综合素质的评价。在多元化评价机制中，我们应拓宽评价维度，不仅要关注学生的数学知识和技能水平，还要重视其学习态度、学习习惯、团队协作能力、创新思维以及社会责任感等方面的表现。通过设计多样化的评价项目和任务，如课堂参与度、小组讨论表现、项目研究报告、社会实践活动等，全面、客观地评价学生的综合素质。

（二）强化过程评价，注重能力发展

单一的考试评价方式往往只注重结果而忽视过程，导致学生只关注考试分数而忽略了学习过程中的成长和进步。在多元化评价机制中，我们应强化过程评价，关注学生在学习过程中的表现和努力。通过定期的作业检查、课堂测验、学习日志、反思报告等方式，及时了解学生的学习状况和学习需求，为其提供有针对性的指导和帮助。同时，过程评价还可以鼓励学生积极参与学习活动，培养他们的自主学习能力和终身学习习惯。

（三）引入多元主体，促进评价公正

传统的考试评价方式往往由教师单方面进行评价，缺乏其他评价主体的参与和反馈。在多元化评价机制中，我们应引入多元评价主体，包括学生自评、同伴互评、教师评价以及企业和社会评价等。通过多元评价主体的参与和互动，可以更加全面、公正地评价学生的学习成果和综合素质。同时，多元评价主体还可以为学生提供更多的反馈和建议，帮助他们更好地认识自己、改进自己。

（四）采用多样化评价方法，提高评价准确性

单一的考试评价方式往往采用纸笔测试的形式进行，难以全面、准确地评价学生的综合素质和创新能力。在多元化评价机制中，我们应采用多样化的评价方法，如口头报告、实践操作、项目展示、案例分析等。这些评价方法可以更加直观地展示学生的能力和水平，提高评价的准确性和有效性。同时，多样化的评价方法还可以激发学生的学习兴趣和创造力，促进他们的全面发展和个性成长。

（五）加强评价反馈与指导，促进持续改进

评价不仅是对学生学习成果的衡量，更是对学生学习过程的反馈和指导。在多元化评价机制中，我们应加强对评价结果的反馈与指导，帮助学生了解自己的学习状况和发展方向。通过及时的反馈和指导，学生可以认识到自己的优点和不足，明确改进的方向和目标。同时，教师也可以根据评价结果调整教学策略和方法，为学生提供更加适合的学习资源和支持。这种持续改进的过程有助于促进教学质量的不断提升和学生学习成果的持续优化。

构建多元化、科学化的评价机制是高职高等数学教学改革的重要方向之一。通过拓宽评价维度、强化过程评价、引入多元主体、采用多样化评价方法以及加强评价反馈与指导等措施的实施和推进，我们可以更加全面、客观地评价学生的学习成果和综合素质，促进其全面发展和个性成长。同时，这些措施还可以为教学质量的提升提供有力的支持和保障。

五、师资队伍建设滞后

（一）高职高等数学教学师资队伍建设的挑战与策略

在高职高等数学教育领域，师资队伍建设滞后已成为制约教学质量提升的关键因素之一。这一问题不仅体现在教师数量的不足上，更深刻地反映在

教学水平和科研能力的局限性上。面对这一现状，需从多个维度出发，构建全面、系统的师资队伍优化路径。

（二）教师数量与结构优化的紧迫性

随着高职教育规模的持续扩大，对数学教师的需求日益增长。然而，当前部分学校存在数学教师数量严重不足的问题，导致课程安排紧凑，教师负担过重，难以保证教学质量。因此，加强教师招聘与引进工作，扩充教师队伍规模，成为当务之急。同时，优化教师结构，合理配置专兼职教师比例，确保教学团队的稳定性和可持续发展，也是提升教学质量的重要保障。

（三）教学能力提升的多元化途径

高职高等数学教师应具备扎实的数学基础、良好的教学技能和丰富的实践经验。针对当前教师教学水平参差不齐的现状，需采取多元化途径来提升教师的教学能力。一方面，应加强教师职业培训，定期组织教学研讨会、工作坊等活动，分享先进教学理念和方法，促进教师之间的交流与合作。另一方面，应鼓励教师参与企业实践、项目合作等活动，深入了解行业需求和技术动态，将理论知识与实际应用相结合，以提升教学的针对性和实效性。

（四）科研能力培育的激励机制

科研与教学相辅相成，是提高教师综合素质的重要途径。然而，部分高职数学教师科研意识淡薄，科研能力有限。为此，需建立健全科研激励机制，以激发教师的科研热情。通过设立科研项目基金、科研成果奖励等措施，为教师提供必要的科研支持和保障。同时，应加强科研团队建设，引导教师围绕教学难点、热点问题开展研究，形成科研成果反哺教学的良性循环。

（五）师德师风建设的长效机制

师德师风是教师队伍建设的重要内容。在高职高等数学教学中，教师应具备高尚的职业道德、严谨的治学态度和良好的教学风范。为此，需建立健全师德师风建设的长效机制，将师德师风建设贯穿于教师职业生涯的全过程。通过定期开展师德师风教育活动、建立师德考核机制等措施，引导教师树立正确的教育观、人才观和质量观，从而增强教师的责任感和使命感。

（六）校企合作与产教融合的深度融合

高职教育的特点在于其职业性和实践性。在师资队伍建设中，应积极探索校企合作与产教融合的深度融合模式。通过与企业建立紧密的合作关系，共同制定人才培养方案、开发教学资源、建设实训基地等，实现学校教育与行业需求的无缝对接。同时，应鼓励教师深入企业一线参与生产实践和技术研发活动，以提升教师的实践能力和技术应用能力，为培养高素质技能型人才提供有力支撑。

高职高等数学教学师资队伍建设滞后的问题亟待解决。通过优化教师数量与结构、提升教学能力、培育科研能力、加强师德师风建设以及推动校企合作与产教融合的深度融合等措施的实施，可以逐步构建一支数量充足、结构合理、素质优良、专兼结合的师资队伍，为高职高等数学教育的持续发展提供坚实的人才保障。

第三章 高职高等数学教学理念的创新

第一节 以就业为导向的教学理念

一、明确职业导向目标

(一) 确立职业导向的教学目标：顺应就业市场需求

在高职高等数学教学领域，明确以就业市场需求为导向的教学目标，是提升教学质量、增强学生就业竞争力的关键所在。这一教学理念的提出，旨在打破传统教学中理论与实践脱节的困境，确保教学内容与职业岗位需求紧密对接，为学生的职业发展奠定坚实的基础。

(二) 市场需求调研与课程体系构建

为了确保教学目标的职业导向性，首要任务是进行深入的就业市场需求调研。通过收集和分析行业报告、企业招聘信息、毕业生反馈等多渠道数据，准确把握当前及未来一段时间内各职业岗位对数学知识和技能的具体要求。在此基础上，应对现有的课程体系进行重新审视和调整，以确保每一门课程、每一个教学单元都能紧密围绕市场需求进行设置，形成具有鲜明职业特色的课程体系。

(三) 教学内容的优化与更新

教学内容是实现职业导向教学目标的核心。在明确市场需求的基础上，应对教学内容进行持续优化和更新。一方面，要剔除那些与职业岗位关联度不高的理论内容，减轻学生的学习负担。另一方面，要增加与职业岗位紧密相关的实践案例、项目训练等内容，让学生在解决实际问题的过程中掌握数学知识和技能。同时，应关注数学学科的发展动态和最新成果，及时将前沿知识融入教学中，保持教学内容的时效性和先进性。

（四）教学方法与手段的创新

教学方法与手段是实现职业导向教学目标的重要途径。传统的讲授式教学已难以满足当前的教学需求，必须积极探索新的教学方法和手段。例如，采用项目式教学法，将课程内容融入具体项目中，让学生在完成项目的过程中学习数学知识；利用信息技术手段，如在线课程、虚拟仿真实验等，为学生提供更加丰富、直观的学习体验；开展校企合作，邀请企业专家进课堂，分享实际工作经验，增强学生的职业认知和实践能力。

（五）师资队伍的建设与培养

教师是实施职业导向教学的主体，其素质和能力直接影响到教学效果。因此，必须加强师资队伍建设，培养一支具有丰富实践经验、深厚理论功底和良好职业素养的教师队伍。通过组织教师参加专业培训、企业实践、学术交流等活动，以提升教师的专业水平和教学能力；鼓励教师参与课程开发、教材编写等工作，可以激发其教学创新热情；建立有效的激励机制，对在教学改革和创新中表现突出的教师给予表彰和奖励。

（六）教学评估与反馈机制的完善

教学评估与反馈机制是确保职业导向教学目标得以实现的重要保障。应建立多元化、多维度的评估体系，不仅要关注学生的考试成绩，还要关注学生的学习过程、实践能力、职业素养等方面的表现。通过定期的教学检查、学生评教、企业反馈等方式，收集教学信息，分析教学问题，提出改进措施。

同时，应建立畅通的信息反馈渠道，鼓励学生和教师积极参与教学评估过程，共同推动教学质量的持续提升。

（七）强化实践教学环节

实践教学是增强学生职业能力的关键环节。在高职高等数学教学中，应强化实践教学环节，通过开设实验课、实训课、实习课等形式，让学生在实践中学习、在实践中成长。同时，加强与企业的合作，建立校外实训基地，为学生提供更加真实、具体的实践机会。通过实践教学，学生能够更加深入地理解数学知识在职业岗位中的应用价值，从而提升其解决实际问题的能力。

明确以就业市场需求为导向的教学目标，是高职高等数学教学改革的重要方向。通过市场需求调研、课程体系构建、教学内容优化、教学方法创新、师资队伍建设、教学评估与反馈机制完善以及强化实践教学环节等措施的实施，可以确保教学内容与职业岗位需求的紧密对接，为学生的职业发展奠定坚实的基础。

二、优化课程设置与结构

（一）紧跟职业发展趋势，明确课程定位与目标

在高等职业教育体系中，高等数学作为基础课程，其课程设置与结构应紧密围绕职业发展趋势，以就业为导向，明确课程定位与目标。这要求深入调研各行业对高技能人才的需求变化，特别是对数学素养和能力的具体要求，从而调整高等数学的教学内容和难度，确保课程与职业岗位的实际需求相契合。同时，应明确高等数学在培养学生逻辑思维、问题解决及创新能力方面的独特作用，将其作为提升学生综合素质和职业竞争力的重要支撑。

（二）构建模块化课程体系，增强课程灵活性与适应性

为了适应不同专业方向和职业路径的需求，高等数学课程应构建模块化

体系，将课程内容划分为基础模块、专业应用模块和拓展模块。基础模块涵盖数学的基本概念、原理和方法，为所有学生打下坚实的数学基础；专业应用模块则针对不同专业的特点，融入与职业紧密相关的数学应用案例，如经济学中的边际分析、工程技术中的优化问题等，以增强学生的专业适应性和实践能力；拓展模块则提供更高层次的数学内容，如数学建模、数值分析等，以满足部分学生对数学深入学习和研究的需求。这种模块化设计使得高等数学课程更加灵活多样，能够根据不同专业和学生的需求进行选择和组合。

（三）强化实践教学环节，提升数学应用能力

在优化课程设置与结构的过程中，应特别注重实践教学环节的设置。通过增加实验课、实训课、项目式学习等实践教学内容，让学生在解决实际问题的过程中学习和应用数学知识，提升其数学应用能力。例如，可以与企业合作开发数学应用项目，让学生参与从问题提出、模型建立到求解验证的全过程，体验数学在职业场景中的实际应用。此外，还可以鼓励学生参加数学建模竞赛、数据分析比赛等活动，通过竞赛的形式激发学生的学习兴趣和创造力，进一步提升其数学素养和综合能力。

（四）引入现代信息技术，创新教学手段与方法

随着信息技术的快速发展，高等数学课程也应与时俱进，积极引入现代信息技术手段，创新教学手段与方法。例如，可以利用多媒体教学软件、在线学习平台等现代教育技术工具，丰富教学资源，提高教学效率；采用翻转课堂、混合式学习等新型教学模式，打破传统课堂教学的时空限制，促进师生互动和生生交流；运用大数据、人工智能等技术手段，对学生的学习行为进行跟踪和分析，为个性化教学提供数据支持。通过这些手段的运用，可以使高等数学课程更加生动有趣、易于理解，同时也能够激发学生的学习兴趣和主动性。

（五）建立多元化评价体系，全面评估学生能力

在优化课程设置与结构的同时，还应建立多元化的评价体系，以全面评估学生的数学能力和综合素质。这要求改变以往单一的考试评价方式，将过程性评价与结果性评价相结合，注重对学生学习态度、学习方法、实践能力和创新能力的考察。具体而言，可以通过课堂表现、作业完成情况、实验报告、项目展示等多种形式来评价学生的学习过程；通过小测验、期中考试、期末考试等方式来评价学生的学习成果；同时还可以通过学生自评、互评和教师评价等多种方式来构建多元化的评价体系。这种多元化的评价体系能够更加客观、全面地反映学生的学习情况和能力水平，为教学的改进和学生的发展提供了有力支持。

三、强化职业技能培养

（一）职业技能培养在高职高等数学教育中的重要性

在日益激烈的就业市场中，高职学生仅凭理论知识已难以满足企业的实际需求，强化职业技能培养成为提升学生就业竞争力的关键。高职高等数学作为培养学生逻辑思维、问题解决能力的重要课程，在其教学过程中融入职业技能训练，不仅能增强学生的实践能力，还能使学生更好地适应未来职业岗位的需求。

（二）职业技能训练内容的明确与整合

为了确保职业技能培养的有效性，需明确与高等数学紧密相关的职业技能，如数据处理、统计分析、数学建模等，并将这些技能训练有机地融入日常教学中。数据处理技能涵盖数据收集、整理、清洗、分析等环节，通过教授 Excel、SPSS 等数据分析工具的使用方法，使学生掌握处理大规模数据的能力；统计分析技能则侧重于运用统计方法揭示数据背后的规律和趋势，帮

助学生形成科学的决策依据；数学建模则是将实际问题抽象为数学问题，利用数学方法进行求解，培养学生的创新思维和问题解决能力。

（三）教学方法与手段的创新应用

为了实现职业技能培养的目标，需要不断创新教学方法与手段。采用项目式学习法，将职业技能训练融入具体项目中，让学生在完成项目的过程中学习技能、积累经验。同时，利用信息技术手段，如在线课程、虚拟实验室等，为学生提供更加便捷、高效的学习途径。此外，还可以邀请行业专家进课堂，分享最新技术动态和实际应用案例，以激发学生的学习兴趣和职业热情。

（四）实践教学体系的构建与完善

实践教学是职业技能培养的重要环节。构建完善的实践教学体系，包括实验室建设、实训基地拓展、校企合作深化等方面。加强实验室建设，配备先进的实验设备和软件，为学生提供充足的实践条件；拓展实训基地，与企业建立紧密的合作关系，为学生提供真实的职业环境；深化校企合作，共同开发实践课程、实训项目，实现资源共享、优势互补。

（五）职业技能评估与反馈机制的建立

为了确保职业技能培养的质量，需建立科学的评估与反馈机制。制定职业技能评估标准，明确各项技能的具体要求和评价标准，为评估工作提供依据。通过课程考核、项目评审、实习评价等多种方式，全面评估学生的职业技能水平。同时，应建立畅通的反馈渠道，及时收集学生、教师、企业等多方面的意见和建议，对评估结果进行分析和反思，并提出改进措施和优化建议。

（六）职业素养与职业道德的培养

在强化职业技能培养的同时，还需注重学生职业素养与职业道德的培养。职业素养包括沟通能力、团队协作能力、时间管理能力等，这些素养对于学生在职场中的发展至关重要。通过组织团队项目、模拟职场环境等方式，可以培养学生的职业素养。同时，应加强职业道德教育，引导学生树立正确的职业观、价值观，增强其社会责任感和使命感。

（七）持续跟踪与就业指导服务的提供

职业技能培养并不是一蹴而就的，而是一个持续的过程。学校应建立持续跟踪机制，关注学生的职业发展动态，为其提供必要的支持和帮助。同时，应加强就业指导服务，为学生提供职业规划、求职技巧等方面的指导，帮助学生更好地适应职场环境，实现个人价值和社会价值的统一。

强化职业技能培养是高职高等数学教学的重要任务之一。通过明确职业技能训练内容、创新教学方法与手段、构建实践教学体系、建立评估与反馈机制、培养职业素养与职业道德以及提供持续跟踪与就业指导服务等措施的实施，可以全面提升学生的职业技能水平和就业竞争力，为其未来的职业发展奠定坚实的基础。

四、实施校企联合培养

（一）深化校企合作机制，共绘人才培养蓝图

实施校企联合培养，首要任务是深化与企业的合作关系，建立长期稳定的合作机制。这要求学校与企业双方保持密切沟通，共同分析行业发展趋势，预测未来职业岗位需求，从而明确人才培养的目标和方向。在此基础上，双方应共同制定人才培养方案，将企业的实际需求融入教学体系中，以确保课程设置、教学内容与职业岗位要求高度契合。通过校企双方的紧密合作，共同绘制出既符合教育规律又贴近市场需求的人才培养蓝图。

（二）共建实训基地，强化实践教学环节

校企联合培养的核心在于强化实践教学环节，提高学生的实际操作能力

和职业素养。为此，学校应与企业合作共建实训基地，为学生提供真实的职业环境和实践机会。实训基地既可以设在企业内部，也可以由校企双方共同投资建设。在实训基地中，学生可以参与企业的生产流程、项目管理等实际工作，了解企业的运作模式和文化氛围，从而增强对职业岗位的认知和适应能力。同时，企业也可以利用实训基地开展员工培训、技术研发等活动，以实现资源共享和互利共赢。

（三）互派师资交流，促进教学相长

校企联合培养还应注重师资力量的共享与交流。学校可以邀请企业中的技术专家、管理骨干等担任兼职教师或客座教授，为学生传授实践经验和行业知识；同时，学校的专任教师也可以到企业挂职锻炼，了解企业的最新技术和市场动态，从而丰富教学内容和教学方法。通过互派师资交流，可以促进教学相长，提升教师队伍的整体素质和教学水平。此外，这种交流还有助于加强校企之间的文化融合，增进双方的理解和信任。

（四）实施"订单式"培养，实现精准就业

为了满足企业对特定人才的需求，校企双方可以实施"订单式"的培养模式。在这种模式下，企业根据自身的发展规划和岗位需求，向学校提出人才培养的具体要求；学校则根据企业的要求调整教学计划、课程设置和教学内容，为企业量身定制培养方案。通过"订单式"的培养，学生可以提前了解企业的文化和要求，明确自己的职业发展方向；企业则可以提前锁定人才资源，确保招聘到符合岗位要求的员工。这种培养模式有助于实现学校教育与职业岗位的无缝对接，从而提高毕业生的就业率和就业质量。

（五）建立反馈机制，持续优化人才培养方案

校企联合培养是一个动态的过程，需要双方不断总结经验、发现问题并加以改进。为此，应建立有效的反馈机制，定期对人才培养方案进行评估和

调整。学校可以通过问卷调查、座谈会等方式来收集学生的反馈意见；企业则可以通过实习考核、工作表现等方式来评估学生的综合素质和能力水平。双方应根据反馈结果共同分析存在的问题和不足，并制定相应的改进措施和优化方案。通过持续的反馈和优化过程，可以确保人才培养方案始终符合市场需求和教育规律的要求，为培养高素质的技术技能型人才提供有力保障。

五、建立职业导向评价机制

（一）确立职业能力为核心的评价理念

在构建职业导向评价机制时，首要任务是确立以职业能力为核心的评价理念。这意味着评价不再是仅仅关注学生对理论知识的掌握程度，而是更加注重学生将知识转化为实际应用的能力，以及其在职业岗位中可能展现出的综合素质。这种评价理念体现了以就业为导向的教学理念，旨在培养出既具备扎实理论基础又拥有出色职业能力的复合型人才。

（二）构建多元化的评价维度

为了确保对学生职业素质的全面评估，需要构建多元化的评价维度。除了传统的考试成绩评价，还应包括实践能力、创新能力、团队协作能力、沟通表达能力、职业素养等多个方面。实践能力评价可以通过项目作业、实验报告、实训表现等方式来进行；创新能力评价则可以通过鼓励学生参与科研项目、竞赛活动、创意提案等来体现；团队协作能力评价可以通过团队合作项目、小组讨论等形式来考察；沟通表达能力评价则可以通过课堂发言、报告撰写、面试模拟等方式来进行。这些多元化的评价维度共同构成了对学生职业素质的全面评估体系。

（三）实施过程性评价与终结性评价相结合

为了更准确地反映学生的成长轨迹和职业能力发展情况，应采用过程性评价与终结性评价相结合的方式。过程性评价关注学生在学习过程中的表现和努力程度，包括学习态度、参与度、进步情况等，有助于教师及时发现学生的优点和不足，并给予针对性的指导和帮助。终结性评价则侧重于对学生学习成果的总结性评价，如期末考试、毕业设计等，能够较为全面地反映学生的知识掌握程度和综合能力水平。两者相结合，可以更加全面、客观地评价学生的职业素质。

（四）引入行业标准和企业评价

为了确保评价体系的实用性和针对性，应积极引入行业标准和企业评价。通过与行业协会、企业建立合作关系，了解行业对人才的具体要求，将行业标准融入评价体系中，使评价内容更加贴近实际岗位需求。同时，邀请企业专家参与评价过程，对学生的职业能力进行直接评估，为学生提供更加真实、客观的职业发展建议。这种评价方式有助于增强学生的职业认知和实践能力，提高其就业竞争力。

（五）建立反馈与改进机制

评价不仅是对学生学习成果的检验，更是促进教学质量提升的重要手段。因此，需要建立有效的反馈与改进机制。通过收集和分析评价结果，及时发现教学中存在的问题和不足，并提出具体的改进措施。同时，将评价结果及时反馈给学生和教师，帮助学生明确自己的优点和不足，制订个性化的学习计划；帮助教师调整教学策略和方法，提高教学质量和效果。这种反馈与改进机制有助于形成良性循环，推动职业导向评价机制的不断完善和发展。

（六）强化学生自我评估与反思能力的培养

在职业导向评价机制中，还应注重学生自我评估与反思能力的培养。通过引导学生参与评价过程，如自我评价、同伴评价等，帮助学生形成自我认知和自我反思的习惯。同时，鼓励学生设定职业目标、制订学习计划，并在学习过程中不断进行自我评估和调整。这种自我评估与反思能力的培养有助于提高学生的自主学习能力和自我管理能力，为其未来的职业发展奠定坚实的基础。

建立职业导向评价机制是落实以就业为导向教学理念的重要举措。通过确立职业能力为核心的评价理念、构建多元化的评价维度、实施过程性评价与终结性评价相结合、引入行业标准和企业评价、建立反馈与改进机制以及强化学生自我评估与反思能力的培养等措施的实施，可以全面评估学生的职业素质和发展潜力，为其未来的职业发展提供有力的支持。

第二节　强调实践能力培养的教学理念

一、实践教学体系构建

（一）明确实践教学体系定位与目标

在高等教育体系中，构建完整的实践教学体系是提升学生实践能力，实现理论与实践深度融合的重要举措。该体系旨在通过一系列精心设计的实验、实训、实习等教学环节，为学生提供丰富的实践机会，培养其将理论知识应用于解决实际问题的能力，从而满足社会对高素质技术技能型人才的需求。实践教学体系的定位应明确为：以学生为中心，以能力培养为核心，以市场需求为导向，构建多层次、多类型的实践教学平台，实现知识传授、能力培养与素质提升的有机结合。

（二）完善实验课程体系，强化基础技能训练

实验课程是实践教学体系的重要组成部分，它侧重于对学生基础实验技能和科学思维方法的培养。在构建实验课程体系时，应紧密围绕专业培养目

标，结合学科前沿和技术发展趋势，科学规划实验项目和教学内容。通过开设基础性实验、综合性实验和创新性实验等不同层次的实验课程，引导学生逐步掌握实验设计、实验操作、数据处理及结果分析等基本技能，同时培养其观察问题、思考问题、分析问题和解决问题的能力。此外，还应注重实验课程与理论课程的有机结合，使学生在理解理论知识的基础上，通过实验操作加深理解，形成理论与实践相互促进的良性循环。

（三）拓展实训教学领域，提升专业技能水平

实训教学是实践教学体系中提升学生专业技能的关键环节。为了拓宽学生的实训领域，学校应积极与企业、行业合作，共建实训基地或实习工厂，为学生提供真实的职业环境和岗位体验。在实训教学中，应重点培养学生的专业技能、团队协作能力和职业素养。通过模拟真实的工作场景，让学生在完成具体任务的过程中，掌握行业规范、操作流程和技术要求。同时，鼓励学生参与企业的技术研发、产品升级等项目，将所学知识应用于实际工作中，提升其解决实际问题的能力和创新能力。

（四）加强实习教学管理，促进职业角色转换

实习不仅是实践教学体系中连接学校与社会的桥梁，还是学生从校园走向职场的重要过渡阶段。为了确保实习效果，学校应加强对实习教学的管理和指导。首先，要建立健全实习管理制度，明确实习目的、要求、流程及考核标准，确保实习工作的规范化和制度化。其次，要与实习单位建立紧密的合作关系，共同制订实习计划和实施方案，为学生提供符合专业要求的实习岗位和指导教师。同时，要加强对实习生的跟踪管理和指导服务，及时解决他们在实习过程中遇到的问题和困难。最后，要注重实习成果的总结和反馈，通过实习报告、实习答辩等形式，检验学生的实习效果，促进其职业角色的顺利转换。

（五）优化实践教学资源配置，提升实践教学质量

实践教学资源的优化配置是提升实践教学质量的重要保障。学校应加大对实践教学资源的投入力度，改善实验实训条件，引进先进的教学设备和软件。同时，要加强实践教学师资队伍的建设，通过引进高水平教师、培训现有教师等方式来提升教师的实践教学能力和水平。此外，还应积极开发实践教学资源，如建设实践教学案例库、开发虚拟仿真实验平台等，为实践教学提供丰富的教学素材和工具。通过不断优化实践教学资源配置，可以为学生提供更加优质、高效的实践教学服务，从而进一步提升其实践能力和综合素质。

二、实验课程创新设计

（一）实验课程内容的前沿性与实用性融合

在实验课程创新设计中，首要任务是确保课程内容的前沿性与实用性相融合。这意味着课程内容不仅要紧跟学科发展的最新趋势，引入最新的理论、技术和方法，还要确保这些内容与实际应用场景紧密相连，使学生能够在学习过程中直接接触到行业前沿问题和实际需求。通过整合行业资源，将真实世界中的挑战转化为实验项目，让学生在模拟或真实的情境中探索解决方案，从而增强其解决实际问题的能力。

（二）项目导向的教学模式探索

为了更有效地提升学生的实践能力，实验课程应采用项目导向的教学模式。在这种模式下，学生不再是被动接受知识的对象，而是成为主动探索、解决问题的主体。实验课程被设计成一系列相互关联的项目，每个项目都围绕一个具体的实际问题展开。学生需要组建团队，通过调研、分析、设计、实施和评估等步骤，逐步解决问题并完成任务。这种教学模式不仅锻炼了学生的专业技能，还培养了他们的沟通能力、团队协作能力和项目管理能力。

（三）实际案例的融入与剖析

尽管直接要求中避免使用具体案例，但在此我们可以从方法论的角度探讨如何融入实际案例的精髓。实验课程可以通过构建模拟案例或提炼真实案例中的关键要素，形成具有代表性和启发性的教学素材。这些素材被巧妙地融入实验过程中，引导学生分析案例背景、识别问题核心、探讨解决方案，并在实践中验证其可行性。通过这种方式，学生在不直接接触具体案例的情况下，依然能够深刻体会到理论知识在实际应用中的价值和挑战。

（四）开放性与灵活性的实验环境构建

为了支持实验课程的创新设计，需要构建一个开放性与灵活性兼具的实验环境。这包括提供多样化的实验设备和材料，满足不同实验项目的需求；建立灵活的实验时间安排，允许学生根据自己的学习进度和兴趣进行调整；以及营造鼓励创新、容忍失败的学习氛围，让学生在没有过多束缚的环境中自由探索、大胆尝试。此外，还可以利用现代信息技术手段，如虚拟实验室、在线协作平台等，进一步打破实验教学的空间和时间限制，提高教学效果和效率。

（五）实践成果的评价与反馈机制完善

为了确保实验课程创新设计的有效性，需要建立完善的实践成果评价与反馈机制。这包括制定科学合理的评价标准和方法，对学生的实践成果进行全面、客观的评价；建立及时有效的反馈渠道，将评价结果及时反馈给学生和教师，帮助他们了解实践过程中的优点和不足；以及根据评价结果对实验课程进行持续改进和优化，确保课程内容与形式始终与行业需求和学生发展保持同步。通过这种机制，可以不断激发学生的学习动力和创新潜能，推动实践能力的持续提升。

（六）教师角色与学生主体地位的平衡

在实验课程创新设计中，还需要关注教师角色与学生主体地位的平衡。教师应从传统的知识传授者转变为引导者、促进者和评估者，注重激发学生的主动性和创造性，引导学生自主学习、合作探究。同时，学生应成为实验课程的主体和中心，他们的需求和兴趣应成为课程设计的重要依据和出发点。通过师生之间的有效互动和合作，共同推动实验课程的创新与发展。

实验课程创新设计是提升学生实践能力的重要途径。通过融合前沿性与实用性、探索项目导向的教学模式、融入实际案例的精髓、构建开放性与灵活性的实验环境、完善实践成果的评价与反馈机制以及平衡教师角色与学生主体地位等措施的实施，可以打造出具有鲜明特色的实验课程体系，为学生的全面发展奠定坚实的基础。

三、强化数学建模训练

（一）明确数学建模在实践教学中的核心地位

在高等教育领域，数学建模作为连接数学理论与实际应用的桥梁，其重要性日益凸显。将数学建模训练纳入实践教学体系，不仅是提升学生数学应用能力和创新能力的有效途径，而且是培养学生问题解决能力和团队协作精神的重要手段。因此，必须明确数学建模在实践教学中的核心地位，将其作为提升学生实践能力的重要载体，贯穿于整个教学过程之中。

（二）构建系统化的数学建模课程体系

为了有效实施数学建模训练，需要构建系统化的数学建模课程体系。这一体系应包括基础理论课程、进阶应用课程以及实践项目课程三个层次。基础理论课程主要介绍数学建模的基本方法、工具和理论，为学生打下坚实的数学基础；进阶应用课程则结合具体领域（如经济学、工程学、生物学等）的实际问题，引导学生将数学建模方法应用于解决实际问题中；实践项目课程则通过组织学生参与数学建模竞赛、科研项目等实践活动，让学生在实践中深化对数学建模的理解和掌握。

（三）加强数学建模师资队伍建设

高水平的师资队伍是保障数学建模训练质量的关键。学校应重视数学建模师资队伍的建设，通过引进具有数学建模背景的专业人才、加强现有教师的培训与交流等方式，提升教师的数学建模教学能力和科研水平。同时，还应鼓励教师积极参与数学建模竞赛、科研项目等实践活动，丰富自身的教学经验和教学资源，为学生提供更加优质的教学服务。

（四）创新数学建模教学方法与手段

为了激发学生的学习兴趣和积极性，需要不断创新数学建模的教学方法与手段。可以采用问题导向的教学方法，通过提出具有挑战性和趣味性的问题，引导学生主动探索解决方案；也可以采用合作学习的教学模式，通过小组讨论、团队协作等方式，培养学生的团队协作精神和沟通能力。此外，还可以利用现代信息技术手段，如在线教学平台、虚拟仿真实验室等，为学生提供更加便捷、高效的学习体验。

（五）建立多元化评价体系，全面评估数学建模训练效果

为了全面评估数学建模训练的效果，需要建立多元化的评价体系。这一体系应包括过程性评价和结果性评价两个方面。过程性评价主要关注学生在建模过程中参与度、合作情况、问题解决能力等方面的表现；结果性评价则主要关注学生提交的建模报告、竞赛成绩等具体成果。通过综合运用这两种评价方式，可以更加全面、客观地评估学生的数学建模能力和实践水平。同时，还可以根据评价结果及时调整教学策略和方法，以进一步提高数学建模训练的效果和质量。

（六）推动数学建模与专业课程深度融合

为了充分发挥数学建模在实践教学中的作用，需要推动其与专业课程的深度融合。可以通过在专业课程中融入数学建模元素、开设跨学科建模课程等方式，加强数学建模与专业课程之间的联系和互动。这样不仅可以拓宽学生的知识视野和思维方式，还可以帮助学生更好地理解和应用所学的专业知识，提升其综合素质和创新能力。同时，还有助于培养学生的跨学科思维和创新能力，为未来的职业发展奠定坚实的基础。

四、鼓励参与科研项目

（一）科研项目参与：理论与实践的桥梁

在高等教育体系中，鼓励学生参与科研项目是提升学生创新能力和实践能力的重要途径。通过将理论知识与科研实践相结合，学生能够深入理解学科前沿，掌握科学研究方法，从而在实践中锻炼解决问题的能力。这种参与不仅为学生提供了将所学知识应用于实际问题的机会，还促进了他们创新思维的培养和科研素养的提升。

（二）教师科研项目的融入教学

教师科研项目是宝贵的学术资源，其研究内容往往紧贴学科前沿，具有较高的学术价值和实践意义。学校应鼓励教师将科研项目融入教学之中，通过开设专题课程、组织研讨会等形式，引导学生了解项目背景、研究目的、方法步骤及预期成果。同时，为学生创造参与项目研究的机会，如担任研究助理、参与数据收集与分析等，使学生在实际工作中学习科研方法，体验科研过程，感受科研魅力。

（三）自主立项研究的支持与引导

除了参与教师科研项目，鼓励学生自主立项研究也是培养其创新能力和实践能力的重要手段。学校应设立专项基金，为学生提供必要的经费支持，帮助他们将创意转化为具体的研究项目。同时，应加强对学生自主立项研究的指导与帮助，组织专家团队进行项目评审、中期检查和结题验收，以确保项目研究的科学性和有效性。此外，还应通过举办科研竞赛、学术论坛等活动，为学生搭建展示研究成果、交流研究心得的平台，以激发他们的科研热情和创造力。

（四）科研实践中的能力培养

参与科研项目是学生实践能力培养的重要环节。在科研实践中，学生需要独立完成文献查阅、实验设计、数据采集、数据分析等一系列工作，这些过程不仅锻炼了他们的动手能力和解决问题的能力，还培养了他们的自主学习能力和团队协作能力。同时，面对科研中的困难和挑战，学生需要学会思考、创新，寻找解决问题的新方法、新途径，这有助于他们形成创新思维和批判性思维。此外，科研项目还为学生提供了接触行业前沿、了解社会需求的机会，有助于他们明确职业方向，提升就业竞争力。

（五）科研氛围的营造与激励机制的建立

为了鼓励学生积极参与科研项目，学校应努力营造浓厚的科研氛围。这包括加强科研设施建设，提供先进的实验设备和研究条件；举办科研讲座、学术报告等活动，拓宽学生的学术视野；建立科研导师制度，为学生提供个性化的指导和帮助。同时，学校还应建立完善的激励机制，对在科研项目中表现突出的学生给予表彰和奖励，如颁发荣誉证书、提供奖学金、推荐深造等，以此来激发他们的科研热情和积极性。

（六）科研与教学相互促进的良性循环

鼓励学生参与科研项目不仅有助于提升学生的创新能力和实践能力，还有助于促进教学与科研的相互融合和相互促进。通过科研项目的参与，学生可以更加深入地理解学科知识，掌握科学研究方法，从而在教学中发挥更大的作用。同时，教师的科研项目也能为教学提供新的素材和案例，使教学内容更加生动、具体、有说服力。这种良性循环有助于推动学校整体教学水平和科研实力的提升，为培养更多高素质人才奠定坚实的基础。

五、建立实践成果展示平台

（一）实践成果展示平台的意义与价值

在高等教育中，实践成果展示平台不仅是学生展示自我、交流经验的平台，更是激发实践热情、培养创新精神的重要推手。通过这一平台，学生可以将其在实验室、实训基地、实习岗位以及各类创新活动中所取得的优秀成果进行集中展示，既是对自身努力的肯定，也是对他人学习的激励。同时，实践成果展示平台还能促进师生之间的交流与互动，为教师提供了解学生学习动态、评估教学效果的窗口，为教学改革和创新提供有力支持。此外，该平台还有助于增强学校的学术氛围和创新能力，提升学校的知名度和影响力。

（二）构建多元化展示形式，全面呈现实践成果

实践成果展示平台应采用多元化的展示形式，以全面、生动地呈现学生的实践成果。具体而言，可以包括以下几种形式：一是实物展示，即将学生的实验装置、设计作品、软件程序等实物直接展示在平台上，让观众能够直观地感受其创新性和实用性。二是图文展示，通过制作精美的展板、海报或在线相册，配以详细的文字说明，介绍实践项目的背景、目的、方法、结果及意义。三是视频展示，利用视频技术记录实践活动的全过程或精彩瞬间，让观众能够身临其境地感受实践活动的氛围和乐趣；四是线上展示，利用学校网站、社交媒体等网络平台，将实践成果以数字化的形式进行展示和传播，扩大其影响力和覆盖面。

（三）强化平台互动性，促进经验交流与资源共享

实践成果展示平台应具备良好的互动性，以促进师生之间、学生之间以及校内外之间的经验交流与资源共享。为此，可以设立在线论坛、评论区等互动区域，鼓励观众对展示成果进行点评、提问或分享自己的见解和经验。同时，还可以组织定期的线下交流活动，如经验分享会、研讨会等，邀请实践成果突出的学生或教师作报告，分享他们的实践经验和创新思路。通过这些互动活动，不仅可以增进彼此之间的了解和友谊，还可以激发学生的创新思维和实践热情，从而推动实践教学质量持续提升。

（四）完善激励机制，激发学生参与热情

为了激发学生的参与热情和创新精神，实践成果展示平台应建立完善的激励机制。一方面，可以对展示成果进行评选和表彰，设立优秀实践成果奖、最佳创新奖等奖项，对获奖者给予一定的物质奖励和精神鼓励。另一方面，还可以将展示成果纳入学生的学业评价体系中，作为评价学生实践能力、创新能力的重要依据之一。此外，还可以通过媒体宣传、校企合作等方式，将优秀实践成果推向社会和市场，为学生提供更多的展示机会和发展空间。这些激励措施将有效激发学生的参与热情和创造力，推动实践教学活动的深入开展。

（五）持续更新与优化平台功能，适应时代发展需求

随着信息技术的不断发展和教育理念的持续创新，实践成果展示平台也需要不断更新与优化其功能，以适应时代发展的需求。具体而言，可以关注以下几个方面：一是加强平台的技术支持和安全防护，确保平台的稳定运行和数据安全。二是引入先进的展示技术和手段，如虚拟现实、增强现实等，提升展示效果和用户体验。三是拓展平台的服务范围和功能，如增加在线课程、就业指导、创业孵化等服务模块，为学生提供更加全面、便捷的服务；

四是加强平台的国际化建设，推动国内外实践成果的交流与合作，提升学生的国际视野和竞争力。通过这些措施的实施，将不断推动实践成果展示平台的创新与发展，为实践教学质量的提升和学生实践能力的培养做出更大的贡献。

第三节　注重学生创新能力提升的教学理念

一、创新思维激发

（一）问题导向学习：激发创新思维的起点

在培养学生创新思维的过程中，问题导向学习是一种行之有效的策略。这种方法强调以问题为核心，引导学生主动探索、分析并解决问题。通过将课程内容设计成一系列具有挑战性、启发性的问题，可以促使学生跳出传统的思维框架，从不同角度审视问题，从而激发其创新思维。

在教学过程中，教师应精心设计问题，确保这些问题既贴近学生的生活实际，又能引发他们的兴趣与思考。同时，鼓励学生提出自己的疑问和假设，通过小组讨论、合作探究等方式，共同寻找问题的答案。这种过程不仅锻炼了学生的逻辑思维能力，还培养了他们的团队协作能力和批判性思维。

（二）案例教学的深度挖掘：拓宽思维视野

案例教学作为另一种有效的教学方法，在激发学生创新思维方面同样发挥着重要作用。通过选取具有代表性、典型性的案例，引导学生进行深入分析，可以帮助他们理解复杂问题的本质，掌握解决问题的基本方法。更重要的是，案例教学能够为学生提供多样化的思考视角和解决方案，促使他们跳出固有的思维模式，勇于尝试新的思路和方法。在案例教学中，教师应注重引导学生从多个角度审视案例，鼓励他们提出不同的见解和观点。同时，通过组织案例分析讨论会、角色扮演等活动，让学生在模拟的真实情境中体验问题解决的过程，从而加深对知识的理解和应用。此外，教师还可以引导学生将案例分析的结果与理论知识相结合，形成系统化的知识体系，为未来的创新实践打下坚实的基础。

（三）跨学科融合教学：激发创新火花的碰撞

创新思维的培养往往需要跨学科的知识储备和思维方式。因此，在教学过程中，教师应注重跨学科融合教学，将不同学科的知识和方法相互渗透、相互融合，为学生创造更广阔的思维空间。通过组织跨学科项目研究、举办跨学科讲座等活动，可以让学生接触到不同领域的前沿知识和研究方法，从而拓宽他们的视野和思路。同时，鼓励学生尝试将不同学科的知识和方法应用于同一问题的解决过程中，通过跨界思考和交叉融合，产生新的创意和解决方案。这种跨学科的融合不仅有助于提升学生的创新能力，还有助于培养他们的综合素养和适应能力。

（四）鼓励质疑与批判：培养独立思考的精神

创新思维的本质在于对既有观念的挑战和超越。因此，在教学过程中，教师应鼓励学生勇于质疑、敢于批判，培养他们独立思考的精神。教师可以通过设置具有争议性的问题、提供多种解读角度的材料等方式，引导学生对所学知识进行深入思考和批判性分析。同时，鼓励学生提出自己的疑问和观点，即使这些观点与主流观念相悖。在学生的质疑和批判过程中，教师应给予充分的尊重和支持，引导他们理性表达、合理论证自己的观点。这种鼓励质疑与批判的教学氛围有助于培养学生的独立思考能力和批判性思维，为他们的创新之路铺设坚实的基石。

（五）创新实践平台的搭建：让思维之花绽放

创新思维的培养离不开实践的土壤。因此，学校应为学生搭建多样化的创新实践平台，让他们在实践中锻炼能力、检验思维。这些平台可以包括创新实验室、创业孵化中心、科研项目合作等。通过参与这些实践活动，学生可以接触到真实的科研环境和市场需求，了解创新过程中的挑战和机遇。同时，他们可以将自己的创意和想法付诸实践，通过不断的试错和改进，逐渐完善自己的创新方案。这种实践经历不仅有助于提升学生的创新能力，还有助于增强他们的自信心和成就感，为他们未来的创新之路注入源源不断的动力。

二、创新课程开发

（一）数学文化课程的创新设计与实施

在传统数学教育的基础上，融入数学文化元素，开发数学文化课程，是拓宽学生知识视野、培养创新思维的重要途径。数学文化课程旨在通过讲述数学的历史发展、数学家的故事、数学与艺术的交融等内容，让学生感受到数学的魅力与深度，从而激发他们探索数学的兴趣和热情。

课程设计应注重跨学科融合，将数学与哲学、历史、文学、艺术等多个领域相结合，展现数学在人类文明进程中的重要作用。通过解读古代数学典籍、探讨数学定理背后的哲学思想、分析数学在艺术创作中的应用等方式，引导学生从多个角度审视数学，培养他们的批判性思维和跨学科解决问题的能力。在教学方法上，可采用情境教学、项目式学习等创新模式，让学生在模拟的历史场景中感受数学的发展脉络，或在解决实际问题的过程中体验数学的应用价值。同时，鼓励学生进行小组合作，共同探究数学文化的奥秘，培养他们的团队协作能力和创新意识。

（二）数学史课程的探索与拓展

数学史不仅是数学知识的记录，更是人类智慧和创新精神的集中体现。开发数学史课程，有助于学生了解数学发展的历程，理解数学概念的演变过程，从而更加深刻地把握数学的本质和规律。数学史课程应围绕数学史上的重大事件、重要人物和关键定理展开，通过讲述这些故事，让学生感受到数学家们的探索精神和创新思维。同时，课程还应关注数学与其他学科之间的交叉与融合，展示数学在自然科学、社会科学、工程技术等领域中的广泛应用和重要影响。

在教学过程中，教师应注重引导学生进行史料分析和批判性思考，培养他们的历史素养和科研能力。同时，鼓励学生进行原创性研究，如撰写数学史小论文、制作数学史展板等，让他们在实践中锻炼创新思维和表达能力。

（三）创新课程体系的构建与整合

为了全面提升学生的创新能力，需要将数学文化、数学史等创新课程纳入整体课程体系中，进行科学合理的构建与整合。这要求学校根据自身的办学特色和资源优势，制定符合学生发展需求的创新课程规划。在课程体系构建过程中，应注重课程的连贯性和互补性。数学文化课程与数学史课程可以相互补充，共同构成学生数学素养的重要组成部分。同时，这些课程还应与其他学科课程相衔接，形成跨学科的知识网络，为学生的全面发展提供有力支持。

此外，学校还应建立完善的课程评价机制，对创新课程的教学效果进行定期评估和调整。通过收集学生的反馈意见、观察学生的学习表现、分析学生的学习成果等方式，评估课程的教学质量和学生的创新能力提升情况，为课程的持续改进和优化提供依据。

三、创新实践平台搭建

（一）创新实践平台的重要性与定位

在培养具有创新精神和实践能力的高素质人才的过程中，创新实践平台扮演着至关重要的角色。这些平台不仅是学生将理论知识转化为实践能力的桥梁，更是激发创新思维、锻炼实践技能的重要场所。创新实践平台应被定位为集教学、科研、实践、创新于一体的综合性平台，旨在为学生提供丰富的实践资源、灵活的实践环境以及多元化的创新机会。

（二）创新实验室的建设与功能

创新实验室作为创新实践平台的核心组成部分，其建设应围绕学生创新能力培养的需求展开。实验室应配备先进的实验设备和仪器，满足学生开展各类创新实验的需求。同时，实验室还应注重软件资源的建设，如提供丰富的数字资源、模拟仿真软件等，为学生创造更加便捷、高效的实践环境。

在功能上，创新实验室应实现以下几个方面的目标：一是为学生提供实践操作的平台，让他们在实践中掌握实验技能和方法。二是鼓励学生进行自主探究和实验研究，培养他们独立思考和解决问题的能力。三是支持学生的创新项目研发，为他们提供必要的技术支持和资源保障；四是促进师生之间的交流与合作，形成良好的学术氛围和创新生态。

（三）创客空间的构建与特色

创客空间作为另一种形式的创新实践平台，它的构建应更加注重开放性和创造性。创客空间应提供灵活多变的工作空间、多样化的工具设备和材料，以及丰富的学习资源和交流机会，让学生能够在轻松愉快的氛围中自由发挥创意、动手实践。创客空间的特色在于其强调"做中学"的教学理念，鼓励学生通过亲手制作、实践探索来学习和掌握知识。在创客空间中，学生可以参与各种创意项目、技术挑战和创业活动，不断挑战自我、突破创新。同时，创客空间还应成为学校与社会、企业之间的桥梁，通过与企业合作、引入社会资源等方式，为学生提供更多的实践机会和创业支持。

（四）创新实践平台的资源整合与共享

为了充分发挥创新实践平台的作用，需要对其进行资源整合与共享。一方面，学校应加强对创新实践平台的投入和管理，确保平台资源的充足和高效利用。另一方面，学校还应积极寻求与企业、科研机构等外部单位的合作，共同建设和完善创新实践平台。在资源整合方面，学校可以通过购买、租赁、捐赠等方式获取所需的实验设备和仪器；同时，还可以利用现代信息技术手段，如云计算、大数据等，实现资源的远程访问和共享。在共享方面，学校可以建立创新实践平台的开放机制，允许校内外师生、企业人员等使用平台资源；同时，还可以组织各类创新实践活动、竞赛和展览等，促进平台资源的充分利用和交流共享。

（五）创新实践平台的持续发展与优化

创新实践平台的建设不是一蹴而就的，而是需要随着教育理念的更新、技术发展的进步以及学生需求的变化而不断发展和优化。为了保持平台的活力和竞争力，学校应定期评估平台的教学效果和学生反馈意见；同时，还应关注国内外创新实践平台的发展趋势和最新成果；借鉴先进经验和技术手段对平台进行持续改进和优化。具体而言，学校可以从以下几个方面入手：一是加强师资队伍建设，提高教师的创新能力和教学水平。二是优化课程设置和教学内容，确保课程与实践平台的紧密结合。三是完善评价机制和激励机制，激发学生的创新热情和实践动力。四是加强与社会各界的联系与合作，拓宽学生的实践渠道和创新视野。通过这些措施的实施，学校可以不断提升创新实践平台的教学质量和服务水平，为学生的创新能力培养提供更加有力的支持。

四、创新竞赛组织参与

（一）竞赛平台的选择与搭建：拓宽创新视野

组织学生参与数学创新竞赛，首要任务是精心选择并搭建合适的竞赛平台。这些平台不仅应涵盖广泛的数学领域，如数学建模、数学分析、算法设计等，还应具备高度的专业性和权威性，能够为学生提供高质量的竞赛体验和学习机会。学校可以与国内外知名数学竞赛组织建立合作关系，引入其成熟的竞赛体系和评价标准，以确保竞赛的公正性和权威性。同时，学校也可以自主创办或联合其他机构举办特色数学竞赛，结合地方特色和学科优势，打造具有影响力的品牌赛事。

在竞赛平台的搭建过程中，学校应注重资源整合和信息共享，为学生提供全面的竞赛信息和资源支持。这包括竞赛通知的及时发布、参赛指南的详细解读、历年真题的开放获取以及在线辅导和答疑服务等。通过这些措施的实施，学生可以更加便捷地了解竞赛动态，掌握参赛技巧，提高竞赛成绩。

（二）竞赛项目的规划与引导：激发创新潜能

为了更好地激发学生的创新潜能，学校应对竞赛项目进行科学规划和有效引导。一方面，学校应根据学生的年级、专业和兴趣特点，设计不同难度和类型的竞赛项目，确保每位学生都能找到适合自己的参赛机会。另一方面，学校应加强对竞赛项目的解读和宣传，引导学生理解竞赛背后的数学原理和应用价值，激发他们的参与热情和探索欲望。在竞赛项目的实施过程中，学校应提供必要的指导和支持。这包括组织专家讲座、开展集中培训、搭建交流平台等。专家讲座可以邀请知名数学家或竞赛教练为学生讲解竞赛策略、分享解题经验；集中培训则可以通过模拟竞赛、案例分析等方式提高学生的实战能力；交流平台则可以让学生之间相互学习、共同进步。通过这些措施的实施，学生可以更加深入地了解竞赛项目，掌握解题技巧和方法，为取得优异成绩奠定坚实的基础。

（三）团队协作能力的培养：共创佳绩

数学创新竞赛往往要求学生以团队形式参赛，这为学生提供了锻炼团队协作能力的重要机会。学校应充分利用这一特点，加强对学生团队协作能力的培养。首先，学校可以通过组织团队建设活动、开展合作学习等方式增强学生的团队意识和协作能力。这些活动可以让学生学会如何与他人进行有效沟通、如何分工合作以及如何共同解决问题。其次，在竞赛项目的准备过程中，学校应鼓励学生积极参与团队讨论和决策过程，培养他们的领导能力和决策能力。同时，学校还可以通过模拟竞赛、角色扮演等方式让学生体验团队协作的重要性和乐趣。

在团队协作的过程中，学生不仅可以相互学习、取长补短，还可以共同面对挑战、克服困难。这种经历不仅有助于提升学生的数学素养和创新能力，还有助于培养他们的团队精神和社会责任感。当团队成员共同努力、共同奋斗时，他们往往会创造出更加出色的成果和更加辉煌的业绩。

（四）竞赛反思与总结：促进持续成长

竞赛结束后，学校应组织学生进行深入的反思和总结。这包括对竞赛过程的回顾、对解题策略的评估以及对团队协作效果的反思等。通过反思和总结，学生可以更加清晰地认识到自己的优点和不足，明确未来的努力方向。同时，学校还可以邀请专家或教练对学生的竞赛表现进行点评和指导，帮助他们更好地发现问题并找到解决之道。此外，学校还可以将学生的竞赛成果进行展示和分享。这不仅可以让学生感受到自己的努力和成就得到了认可和鼓励，还可以激发其他学生的参与热情和探索欲望。通过展示和分享活动，学生可以相互学习、相互启发，共同推动学校数学创新教育的深入发展。

　　组织学生参加数学创新竞赛是提升学生创新能力和团队协作能力的重要途径。通过精心选择竞赛平台、科学规划竞赛项目、加强团队协作能力培养以及组织竞赛反思与总结等措施的实施，学校可以为学生创造一个充满挑战和机遇的学习环境，激发他们的创新潜能和团队协作精神，为未来的数学研究和应用培养更多的优秀人才。

第四章 高职高等数学教学方法的创新

第一节 任务驱动与项目导向的教学方法

一、明确任务目标与设计

在数学教学中，采用任务驱动与项目导向的教学方法，关键在于构建一个既符合学生认知水平又贴近实际或职业场景的学习框架。这一框架旨在通过设定明确的任务目标，引导学生主动探索、合作实践，最终实现知识的内化与应用能力的提升。

（一）任务设定：明确性与情境化

首先，任务设定是教学设计的基石。任务应当清晰明确，包含具体的数学知识点、技能要求和预期成果。同时，为了激发学生的学习兴趣和动力，任务需融入实际情境或职业场景，使学生感受到数学知识的实用性和价值。例如，在教授概率统计时，可以设计一个"市场调研项目"，要求学生分析特定商品在不同地区、不同季节的销售数据，根据这些数据预测未来销售趋势，并制定相应的营销策略。这样的任务既涵盖了概率统计的核心概念，又贴近商业实践，有助于培养学生的应用能力和问题解决能力。

（二）任务分解：层次化与结构化

将复杂的任务分解为若干个子任务，是确保学生有效完成任务的关键步骤。子任务的设定应遵循由易到难、循序渐进的原则，形成层次清晰、结构合理的任务链。每个子任务都应明确其学习目标、所需知识技能和完成标准，以便学生逐步掌握并整合相关知识。以"市场调研项目"为例，可以将其分解为数据收集、数据整理、数据分析、结论提炼和策略制定等几个子任务，每个子任务都对应着不同的数学技能和思维能力要求。

（三）资源提供：多样性与辅助性

为了支持学生顺利完成任务，教师需要提供多样化的学习资源。这些资源可以包括教材、参考书、网络资料、教学视频、实验器材等，旨在帮助学生理解任务背景、掌握必要的知识技能、解决遇到的难题。同时，教师还应建立学习支持平台，如在线论坛、学习群组等，以便学生之间交流心得、分享经验、相互帮助。在"市场调研项目"中，教师可以提供市场调研的基本方法、数据分析软件的使用教程、相关行业的案例分析等资料，帮助学生更好地理解和执行任务。

（四）过程指导：引导性与自主性

在任务执行过程中，教师应扮演引导者和促进者的角色，通过提问、讨论、示范等方式引导学生主动探索、积极思考。同时，也要尊重学生的主体性，鼓励他们根据自己的兴趣和能力自主选择学习路径和策略。教师应关注学生的学习进展和困难，及时给予反馈和指导，帮助他们克服障碍、持续进步。在"市场调研项目"中，教师可以组织小组讨论、案例分析、专家讲座等活动，引导学生深入探讨市场规律、数据分析方法等问题，同时鼓励学生提出自己的见解和创意。

（五）成果展示与评价：多元化与激励性

任务完成后，学生应通过报告、演示、作品等形式展示自己的学习成果。教师应采用多元化的评价方式，包括自我评价、同伴评价、教师评价等，全面评估学生的知识掌握程度、技能应用能力、创新思维能力和团队合作能力等方面。同时，评价应注重激励性，首先肯定学生的努力和成果，其次指出他们的优点和不足，并为他们提供进一步发展的建议和方向。在"市场调研项目"中，教师可以组织成果展示会或报告会，让学生展示自己的市场调研报告和营销策略方案，并通过评委打分、观众投票等方式评选出优秀作品和优秀团队给予表彰和奖励。

任务驱动与项目导向的教学方法在数学教学中具有广泛的应用前景和深远的意义。通过明确的任务目标、贴近实际或职业场景的任务设计、多样化的学习资源提供、引导性与自主性并重的过程指导以及多元化与激励性的成果展示与评价等环节的实施，可以有效激发学生的学习兴趣和动力，提高他们的数学素养和综合能力。

二、项目式学习实施

（一）项目式学习概述

项目式学习（Project-Based Learning, PBL）是一种以学生为中心，通过真实或模拟的项目情境，引导学生主动探索、合作实践，从而掌握知识和技能的教学模式。在数学教学中引入项目式学习，不仅能激发学生的学习兴趣和动力，还能促进他们数学素养和综合能力的全面提升。

（二）项目选择与规划

在项目式学习中，项目的选择至关重要。教师应根据教学目标、学生兴趣及实际条件，选择具有挑战性、实用性和趣味性的项目。项目应紧密围绕数学知识点，同时融入现实生活或职业场景，使学生能够在解决实际问题的过程中深化对数学概念的理解和应用。确定项目后，需进行详细规划，包括项目目标、任务分解、时间安排、资源需求等，以确保项目的顺利实施。

（三）组建项目团队

项目式学习强调团队合作与交流。根据项目需求和学生特点，教师可指导学生自由组合或指定成员组成项目团队。每个团队应明确成员角色和责任，如项目经理、资料收集员、数据分析员、报告撰写员等，以促进团队成员间的有效协作和优势互补。通过团队合作，不仅能提升学生的数学能力，还能培养其沟通、协调、领导等社会技能。

（四）项目实施过程

项目实施是项目式学习的核心环节。在这一阶段，学生需围绕项目目标，按照任务分解和时间安排，逐步推进项目进程。教师应提供必要的指导和支持，鼓励学生主动探索、勇于尝试、积极反思。同时，教师应关注学生的学习进展和困难，及时给予反馈和建议，帮助他们克服障碍、持续进步。在项目实施过程中，学生还需不断收集和分析数据，运用数学知识解决实际问题，从而加深对数学概念的理解和应用。

（五）项目展示与评价

项目完成后，学生需通过报告、演示、作品等形式展示自己的学习成果。项目展示不仅是对学生项目完成情况的检验，更是他们展示自我、交流思想、相互学习的平台。教师应组织多样化的展示活动，如项目汇报会、成果展览会等，邀请学生、教师及其他相关人员参与观摩和评价。评价应关注学生的学习过程、知识掌握程度、技能应用能力、创新思维能力和团队合作能力等方面，采用多元化、综合性的评价方式，如自我评价、同伴评价、教师评价等。通过评价，教师应给予学生积极的反馈和鼓励，指出他们的优点和不足，并为他们提供进一步发展的建议和方向。

（六）项目反思与总结

项目式学习不仅关注学生的知识掌握和技能提升程度，更重视他们的学习体验和反思能力。在项目结束后，教师应引导学生对项目过程进行反思和总结，思考自己在项目中的收获和成长、遇到的挑战和解决方案、未来的改进方向等。通过反思和总结，学生可以更加清晰地认识到自己的优点和不足，为今后的学习和生活积累宝贵的经验。

（七）项目式学习的持续优化

项目式学习是一个持续优化的过程。教师应根据学生的反馈和学习效果，不断调整和完善项目设计、教学方法和评价机制等方面。同时，教师还应关注教育技术和资源的更新与发展，积极引入新的教学工具和平台，为项目式学习提供更加丰富和便捷的支持。通过持续优化，项目式学习将能够更好地适应学生的需求和发展，为提升他们的数学素养和综合素质提供更加有力的保障。

项目式学习作为一种任务驱动与项目导向的教学方法，在数学教学中具有广泛的应用前景和深远的意义。通过选择合适的项目、组建有效的团队、实施精心的指导、展示多元的成果、进行深刻的反思以及持续优化教学策略等环节的实施，项目式学习能够激发学生的学习兴趣和动力，促进他们数学素养和综合能力的全面提升。

三、成果展示与反馈

（一）成果展示的意义与目的

在任务驱动与项目导向的教学方法中，成果展示是项目周期中不可或缺的一环。它不仅是对学生辛勤努力的认可，更是促进知识共享、技能交流与学习反思的重要平台。通过成果展示，学生能够向同伴和教师展示他们在项目中所取得的成就，同时接收来自多方的反馈与建议，为后续的学习与改进提供方向。

（二）展示内容的准备与要求

为了确保成果展示的有效性，学生需提前对展示内容进行精心准备。这包括但不限于项目的背景介绍、目标设定、实施过程、关键技术点、创新之处以及最终成果等。在准备过程中，学生应注重展示内容的逻辑性、条理性和可视化呈现，以便观众能够清晰、直观地理解项目全貌。同时，展示内容还需符合一定的要求。例如，语言表述应准确、简洁，避免使用过于专业或晦涩难懂的术语；展示形式应多样化，结合PPT、视频、实物模型等多种手段，以增强观众的参与感和体验度；此外，学生还需准备一份简要的讲解稿，以确保在展示过程中能够流畅、自信地传达项目信息。

（三）展示平台的搭建与利用

为了更好地促进成果展示与交流，学校或教师可以为学生搭建多样化的展示平台。这些平台可以包括线上展示网站、社交媒体群组、校园展览区等。通过线上平台，学生可以上传项目资料、分享经验心得，与更广泛的受众进行互动；而线下展览则能为学生提供面对面交流的机会，从而加深彼此之间的了解与联系。

在利用这些平台时，学生应积极参与其中，主动展示自己的项目成果，并勇于接受他人的提问与挑战。同时，他们也应保持开放的心态，虚心听取他人的意见与建议，以便在后续的学习与实践中不断完善自己。

（四）同伴评价与教师点评的实施

成果展示后，同伴评价与教师点评是给予学生反馈的重要环节。同伴评价能够让学生从同龄人的角度审视自己的项目，发现可能忽略的问题与不足；而教师点评则能为学生提供更加专业、全面的指导与建议。在实施同伴评价时，教师可以引导学生围绕项目的创新性、实用性、技术难度、团队协作等方面进行评价。鼓励学生用建设性的语言提出自己的看法与意见，避免使用过于负面或攻击性的言辞。同时，教师也应关注学生的评价过程，确保评价的公正性与客观性。在教师点评环节，教师应根据学生的展示内容给予具体的反馈与建议。这些反馈可以涉及项目的优点与亮点、存在的问题与不足以及改进的方向与策略等方面。教师应注重鼓励学生的创新精神与实践能力，同时指出他们在项目中需要改进的地方，帮助他们明确下一步的学习目标。

（五）反馈的整合与行动计划的制定

在接收到同伴评价与教师点评后，学生需要认真整合这些反馈意见，并据此制订相应的行动计划。这个过程需要学生对自己的项目进行全面的反思与总结，明确自己在哪些方面做得较好，哪些方面还有待提高。在制订行动计划时，学生应设定具体的、可衡量的目标，并制订相应的实施步骤与时间表。他们还应考虑如何利用现有的资源与支持来实现这些目标，以及如何克服可能遇到的困难与挑战。通过制订并执行行动计划，学生可以将反馈转化为实际的学习成果，不断提升自己的能力与水平。

（六）持续学习与自我提升

成果展示与反馈不仅仅是项目周期的结束，更是学生持续学习与自我提升的新起点。学生应将这些反馈视为宝贵的财富，时刻保持学习的热情和动力。他们可以通过阅读相关文献、参加学术讲座、参与科研项目等方式不断拓展自己的知识面和视野；同时，也可以通过实践锻炼、反思总结等方式提升自己的实践能力和创新思维。在这个过程中，学生将逐渐成长为具有扎实专业基础、较强实践能力和创新精神的优秀人才。

四、任务与项目评估体系

（一）评估体系的重要性

在任务驱动与项目导向的教学方法中，建立一套科学、全面、公正的评估体系至关重要。它不仅是对学生学习成果的直接反馈，更是激励学生积极参与、持续改进的重要手段。通过评估，教师可以准确地了解学生的学习状态、能力水平和进步空间，进而调整教学策略，优化教学过程。同时，评估也是对学生综合能力的一次全面检阅，包括知识掌握、技能运用、创新能力、团队协作能力等多个方面，有助于促进学生的全面发展。

（二）多维度评估指标设计

在构建任务驱动与项目导向的教学方法的评估体系时，多维度评估指标的设计是确保评估全面性的关键。这些指标应涵盖学生学习过程的多个方面，以全面反映学生的学习成效和综合能力。

任务完成情况作为评估的基础，直接反映了学生对给定任务的执行力和责任感。评估时，不仅要关注任务是否能按时完成，还要考察完成的质量和创新性。这有助于激励学生认真对待每一项任务，努力追求卓越。知识掌握程度是衡量学生学习效果的重要指标。它涉及学生对数学基本概念、定理、公式等的理解和记忆，以及将这些知识应用于解决实际问题的能力。通过评估学生的知识掌握程度，教师可以了解学生对数学学科的理解深度，从而调整教学策略，帮助学生巩固基础知识，提高其学习效果。

技能应用能力的评估强调了学生将数学知识转化为实践技能的能力。这包括数据分析、逻辑推理、问题解决等多个方面。在项目式学习中，学生需要运用所学知识解决实际问题，因此技能应用能力的评估显得尤为重要。通过评估学生的技能应用能力，教师可以发现学生在实践中的优势和不足，进而为其提供有针对性的指导和支持。

创新能力的培养是现代教育的核心目标之一。在评估体系中，创新能力被赋予了重要地位。它鼓励学生敢于挑战传统观念，勇于提出新观点、新方法、新解决方案。通过评估学生的创新能力，教师可以激发学生的创造力和想象力，培养他们的创新意识和实践能力。团队协作能力的评估强调了团队合作在学生学习和成长中的重要性。在任务驱动与项目导向的教学中，团队合作是不可或缺的一部分。通过评估学生的团队协作能力，教师可以了解学生在团队中的角色定位、合作态度以及团队贡献度等情况，进而引导学生学会与他人协作、沟通和分享。

多维度评估指标的设计应全面考虑任务完成情况、知识掌握程度、技能应用能力、创新能力和团队协作能力等多个方面。这些指标相互关联、相互补充，共同构成了一个全面、立体的评估体系，为学生的学习和成长提供了有力的支持和保障。

（三）评估方法的多样性

为了确保评估的准确性和公正性，应采用多种评估方法相结合的方式。除了传统的笔试、作业分析等方式，还可以引入口头报告、项目展示、同伴评价、自我反思等多种评估方法。这些评估方法各有特点，可以相互补充，形成全面、立体的评估体系。例如，通过口头报告和项目展示，教师可以直观地看到学生的表达能力和项目成果；通过同伴评价和自我反思，学生可以更加客观地认识自己的优点和不足，为今后的学习提供参考。

（四）评估结果的反馈与应用

评估结果的反馈是评估体系的重要组成部分。教师应及时将评估结果反馈给学生，帮助他们了解自己的学习情况和存在的问题，并给出改进建议。同时，教师还应将评估结果作为调整教学策略、优化教学过程的重要依据。通过分析评估结果，教师可以发现教学中的不足之处和改进空间，进而采取相应的措施加以改进。此外，评估结果还可以作为学生综合素质评价的重要参考依据之一，为学生升学、就业等提供有力的支持。

（五）评估体系的持续优化

评估体系并不是一成不变的，而是随着教学实践的发展和学生需求的变化而不断优化和完善。教师应保持开放的心态和敏锐的洞察力，及时发现评估体系中存在的问题和不足，并积极探索新的评估方法和指标。同时，教师还应积极听取学生的意见和建议，让评估体系更加贴近学生的实际需求和发展方向。通过持续优化评估体系，可以确保其更加科学、全面、公正地反映学生的学习情况和综合能力水平。

第二节　翻转课堂与混合式教学的实践

一、课前视频与资料准备

在翻转课堂与混合式教学的实践中，课前视频作为知识传递的重要载体，其设计质量直接关系到学生自主学习的效果。教师需精心策划，确保视频内容既全面又精练，能够激发学生的学习兴趣，引导他们主动探索知识。

（一）明确教学目标与内容框架

首先，教师应根据教学大纲和学生的实际情况，明确每节课的教学目标，即学生需要掌握的核心知识点和技能。其次，围绕这些目标构建视频的内容框架，确保视频内容条理清晰，逻辑严密。内容框架应涵盖理论讲解、实例分析、问题探讨等多个方面，以帮助学生全面理解知识点。

（二）注重视频的吸引力与互动性

为了提高视频的吸引力，教师可以采用多种制作手段，如动画演示、实景拍摄、屏幕录制等，使视频内容更加生动有趣。同时，应在视频中适时穿插问题、讨论或小测验，引导学生主动思考，以增强视频的互动性。这种互动不仅能帮助学生巩固所学知识，还能激发他们的求知欲和探索欲。

（三）提供配套学习资料与引导性任务

除了教学视频，教师还应准备丰富的配套学习资料，如 PPT 课件、电子书籍、参考文献等，供学生根据需要查阅。这些资料应与视频内容紧密相关，能够帮助学生深入理解知识点。此外，教师还可以设计一些引导性任务或问题，让学生在观看视频后完成，以检验他们的学习成果并促进知识的内化。

（四）考虑学生的差异化需求

在准备课前视频和资料时，教师应充分考虑学生的差异化需求。例如，对于基础较弱的学生，可以提供更多的基础知识讲解和练习题；对于学有余力的学生，则可以提供拓展阅读资料和挑战性问题。通过这种方式，教师可以确保每位学生都能在适合自己的节奏下进行学习，实现个性化发展。

（五）建立有效的反馈机制

为了确保课前视频和资料的有效性，教师应建立有效的反馈机制。这包括设置在线讨论区、答疑时间或利用学习管理系统收集学生的反馈意见。通过这些渠道，教师可以及时了解学生的学习情况和问题所在，进而对视频内容和资料进行调整和优化。同时，学生的反馈也是教师评估教学效果、改进教学方法的重要依据。

（六）促进自主学习能力的培养

翻转课堂与混合式教学的核心理念之一是培养学生的自主学习能力。因此，在准备课前视频和资料时，教师应注重引导学生掌握自主学习的方法和技巧。例如，在视频中介绍如何有效利用学习资源、如何制订学习计划、如何进行自我评估等。通过这些指导，学生可以逐渐养成自主学习的习惯和能力，为未来的学习和生活打下坚实的基础。

二、课堂互动与深度探讨

在翻转课堂与混合式教学的实践中，课堂不再仅仅是知识传授的场所，而是转变为一个促进深入理解、鼓励创新思维和强化实践技能的平台。教师通过精心设计的课堂活动，引导学生积极参与讨论、答疑和实践活动，从而实现知识的内化与升华。

（一）前置学习的有效铺垫

翻转课堂的核心在于将传统课堂中的知识传授环节移至课外，通过视频、阅读资料等形式让学生在课前自主学习。这一变革为课堂内的深度探讨奠定了坚实的基础。学生在课前已经对即将学习的知识点有了初步的了解和认识，课堂上便能更加专注于问题的探讨和解决，而不是单纯的知识接收。这种前置学习的方式不仅提高了学习效率，还培养了学生的自主学习能力和时间管理能力。

（二）讨论环节的精心组织

在课堂上，教师根据学生的学习情况和自身的教学目标，设计了一系列有针对性的讨论问题。这些问题旨在引导学生深入思考、相互启发，从而深化对知识点的理解和掌握。讨论过程中，教师充当引导者和促进者的角色，鼓励学生积极发言、提出疑问，并适时给予指导和反馈。通过讨论，学生不仅能巩固所学知识，还能在交流中碰撞出新的思想火花，激发创新思维。

（三）答疑环节的即时反馈

在翻转课堂的教学模式中，答疑环节变得尤为重要。学生在课前自主学习过程中难免会遇到各种疑问和困惑，这些问题如果得不到及时解决，将会影响其后续的学习效果。因此，教师在课堂上设立了专门的答疑时间，鼓励学生提出自己的问题，并引导学生相互解答或由教师直接解答。这种即时的反馈机制不仅帮助学生解决了学习中的难题，还增强了他们的学习信心和学习动力。

（四）实践活动的强化应用

为了使学生更好地将所学知识应用于实际情境中，教师在课堂上组织了各种实践活动。这些活动可以是实验操作、案例分析、项目设计等形式，旨在让学生在实践中深化对知识点的理解和掌握。通过实践活动，学生不仅能将理论知识与实际操作相结合，还能在解决问题的过程中锻炼自己的思维能力和动手能力。同时，实践活动还为学生提供了展示自己才华和能力的机会，增强了他们的自信心和成就感。

（五）混合式教学的融合优势

翻转课堂与混合式教学的结合，充分发挥了线上教学与线下教学各自的优势。线上教学为学生提供了灵活的学习时间和丰富的学习资源，使他们能够根据自己的学习节奏和需求进行自主学习；而线下教学则通过面对面的交流和互动，为学生提供了更加深入和全面的学习体验。这种融合的教学方式不仅提高了教学效率和效果，还促进了师生之间的情感交流和信任建立。

（六）评估与反馈的持续循环

在翻转课堂与混合式教学的实践中，评估与反馈是一个持续循环的过程。教师通过观察学生在课堂上的表现、参与讨论的情况、完成实践活动的质量等来评估他们的学习成效，并据此给予及时的反馈和指导。同时，教师还鼓励学生进行自我评估和同伴评估，帮助他们更加全面地了解自己的学习情况和存在的问题。这种持续循环的评估与反馈机制有助于学生不断调整自己的学习方法和策略，提高其学习效率和自主学习能力。

翻转课堂与混合式教学的实践通过前置学习的有效铺垫、讨论环节的精心组织、答疑环节的即时反馈、实践活动的强化应用以及评估与反馈的持续循环等措施的实施，为学生提供了一个充满活力和挑战的学习环境。在这个环境中，学生不仅能获得丰富的知识和技能，还能在互动与交流中不断成长和进步。

三、个性化学习支持

在当今教育领域中，翻转课堂与混合式教学模式的兴起，为个性化学习提供了更为广阔的空间和可能性。这两种教学模式通过重新配置学习时间与空间，将传统课堂的知识传授环节移至课外，而将知识的内化与应用过程置于课堂之中，从而为学生量身定制学习路径，实现深度学习与个性化成长的双重目标。

（一）前置学习任务的个性化设计

翻转课堂的核心理念在于"先学后教"，即在正式授课前，学生通过观看视频、阅读资料等方式自主学习课程内容。为了确保每位学生都能获得适合自己的学习资源，教师需精心设计前置学习任务，采用多元化的资源形式，如微课视频、动画演示、互动练习等，以满足学生不同学习风格和能力水平的需求。同时，利用学习管理平台，教师可以设置差异化的学习目标和任务，引导学生根据自己的实际情况来选择学习内容和进度，从而实现前置学习任务的个性化。

（二）课堂互动的深度与广度拓展

在混合式教学中，课堂成为师生深度互动、合作探究的场所。教师根据前置学习数据的反馈，识别学生的学习难点和兴趣点，设计针对性的教学活动。这些活动可能包括小组讨论、案例分析、项目式学习等，旨在促进学生的主动思考能力、批判性思维能力和问题解决能力。通过小组合作，学生可以相互学习，取长补短，同时教师也能针对小组表现进行个性化指导，确保每位学生都能在适合自己的节奏下成长。

（三）动态调整教学策略与学习资源

个性化学习支持的核心在于对教学策略和学习资源的持续调整与优化。

在教学过程中，教师应密切关注学生的学习进展和反馈，及时收集并分析相关数据，如作业完成情况、课堂参与度、在线互动记录等。基于这些数据，教师可以动态调整教学计划，为学习进度落后的学生提供额外的辅导和支持，为学有余力的学生提供更高层次的学习挑战。此外，教师还应根据学生的学习偏好和学习兴趣，不断更新和优化学习资源，确保教学内容的时效性和吸引力。

（四）建立个性化学习评估体系

评估不仅是检验学习成效的重要手段，也是个性化学习支持不可或缺的一环。在翻转课堂与混合式教学的实践中，教师应建立多元化的评估体系，既关注学生的学习成果，也重视其学习过程和能力的发展。通过形成性评价与总结性评价相结合的方式，教师可以全面了解学生的学习情况，为其后续的个性化教学提供有力依据。同时，鼓励学生参与自我评估和同伴评估，培养学生的自我反思能力和团队协作精神。

（五）营造支持个性化学习的校园环境

个性化学习不仅需要教学模式的创新，还需要校园环境的整体支持。学校应构建开放、包容、鼓励创新的学习氛围，为学生提供多样化的学习空间和学习资源。例如，建立图书馆、实验室、创客空间等学习场所，配备先进的信息技术设备，支持学生开展自主学习和探究活动。同时，加强家校合作，共同关注和支持学生的个性化学习需求，形成教育合力。

翻转课堂与混合式教学的实践为个性化学习提供了强有力的支持。通过前置学习任务的个性化设计、课堂互动的深度与广度拓展、教学策略与学习资源的动态调整、个性化学习评估体系的建立以及支持个性化学习的校园环境营造，可以为每位学生创造适合其发展的学习条件，促进其全面而有个性地成长。

四、线上线下融合教学

在当今教育信息化浪潮中，翻转课堂与混合式教学模式以其独特的优势，成为推动教育教学改革的重要力量。这种教学模式通过巧妙结合线上自主学习与线下课堂教学，实现了学习时间与空间的灵活拓展，以及教学内容与方法的深度创新。

（一）线上资源的丰富性与个性化

线上平台为学生提供了丰富多样的学习资源，包括教学视频、电子教材、在线题库、学习社区等。这些资源不仅覆盖了广泛的知识领域，还具备高度的灵活性和可定制性，能够满足不同学生的个性化需求。在翻转课堂模式下，学生可以在课前利用这些资源进行自主学习，初步掌握课程的基本概念和原理。通过线上平台的数据分析功能，教师还能及时了解学生的学习进度和困难点，为其后续的课堂教学提供精准指导。

（二）线下课堂的互动性与深度性

线下课堂作为翻转课堂的重要组成部分，承担着深化理解、强化应用、促进交流的重要任务。在课堂上，教师不再是单纯的知识传授者，而是成为学生学习的引导者和促进者。通过组织小组讨论、案例分析、实验操作等多样化的教学活动，教师能够激发学生的学习兴趣和积极性，引导他们深入探究知识的内在逻辑和实际应用。同时，线下课堂还为学生提供了面对面交流的机会，促进了学生之间的思想碰撞和合作互助。

（三）教学流程的重构与优化

线上线下融合教学打破了传统课堂教学的时空限制，实现了教学流程的重构与优化。在翻转课堂模式下，教学流程被划分为"课前自学—课中深化—课后巩固"三个阶段。课前自学阶段，学生利用线上资源进行自主学习；课中深化阶段，教师根据学生的学习情况组织有针对性的教学活动；课后巩固阶段，学生则通过完成作业、参与讨论等方式进一步巩固所学知识。这种教学流程的设计既保证了学生自主学习的主体地位，又充分发挥了教师在教学中的引导和支持作用。

（四）评价体系的多元化与科学性

线上线下融合教学需要建立与之相适应的评价体系。这一体系应注重评价内容的多元化和评价方法的科学性。在评价内容上，除了关注学生对知识点的掌握情况，还应重视学生的自主学习能力、团队合作能力、创新思维能力等综合素质的评价。在评价方法上，可以采用形成性评价与总结性评价相结合的方式，既关注学生的学习过程又关注其学习结果。同时，还可以利用线上平台的数据分析功能对学生的学习行为和学习成效进行实时监控和反馈，为个性化教学提供有力的支持。

（五）教师角色的转变与专业发展

在线上线下融合教学中，教师的角色发生了深刻变化。他们不再是单纯的知识传授者，而是成为学生学习的设计者、引导者和伙伴。这一转变要求教师应具备更高的专业素养和教学能力，包括课程设计与开发能力、信息技术应用能力、教学组织与管理能力等。为了适应这一变化，教师需要不断地学习新知识、新技能、新方法，不断地提升自己的专业素养和教学水平。同时，学校和教育机构也应为教师提供必要的培训和支持，帮助他们更好地适应线上线下融合教学的需要。

（六）学生主体性的彰显与自主学习能力的培养

线上线下融合教学强调学生的主体性和自主学习能力的培养。在线上自学阶段，学生可以根据自己的兴趣和能力选择适合自己的学习资源和路径；在线下课堂阶段，学生则可以通过积极参与讨论、合作完成任务等方式展示自己的学习成果和思维能力。这种教学模式不仅有助于激发学生的学习兴趣和学习积极性，还有助于培养他们的自主学习能力和终身学习习惯。通过长期的实践学生将逐渐学会如何独立地获取信息、分析信息、解决问题，从而为他们未来的学习和生活奠定坚实的基础。

五、教学效果持续监测

在翻转课堂与混合式教学的实施过程中，教学效果的持续监测是确保教学质量、优化教学策略的关键环节。通过信息技术手段，教师能够全面、精准地掌握学生的学习动态，为教学决策提供科学依据，进而推动教学过程的持续改进和个性化发展。

（一）构建多维度监测体系

教学效果的监测不应局限于单一的考试成绩或作业完成情况，而应构建一个包含知识掌握、能力发展、学习态度等多维度的综合监测体系。在翻转课堂与混合式教学的背景下，这一体系应充分利用在线学习平台的数据记录功能，收集并分析学生在学习过程中的各类数据，如视频观看时长、互动讨论参与度、在线测试成绩等。同时，结合课堂观察、学生自评与互评、教师评价等多种方式，形成对学生学习效果的全面评估。

（二）实时反馈与即时调整

信息技术手段使得教学效果的反馈更加迅速和精准。通过在线学习平台的数据分析功能，教师可以实时掌握学生的学习进度和在学习过程中存在的问题，及时给予个性化的指导和帮助。例如，当发现某一部分教学内容的学习效果普遍不佳时，教师可以迅速调整教学策略，增加讲解深度或改变呈现方式；对于个别学生的学习困难，则可以提供有针对性的辅导资料或学习资源。这种即时反馈与调整机制，有助于确保每位学生都能在适合自己的节奏下有效学习。

（三）定期评估与策略优化

除了日常的教学监测外，还需要定期进行教学效果的评估与总结。这既是对过去一段时间内教学工作的回顾与反思，也是对未来教学策略优化的重要依据。在翻转课堂与混合式教学的实践中，教师可以通过对比不同教学阶段的学生表现、分析学习数据的变化趋势等方式，评估教学效果的达成情况。同时，结合学生反馈、同行评价、专家建议等多方面的信息，对教学策略进行深入的剖析和反思，找出存在的问题和不足，并提出相应的改进措施。例如，针对学生学习兴趣的变化调整教学内容和形式；针对学生学习能力的差异设计分层次的教学任务，等等。

（四）强化数据驱动的教学决策

信息技术手段为教学决策提供了丰富的数据支持。在翻转课堂与混合式教学的实践中，教师应树立数据驱动的教学理念，充分利用学习数据指导教学决策的制定和实施。通过数据分析，教师可以更准确地把握学生的学习需求和困难点，从而制定更加符合学生实际的教学策略和教学方法。同时，数据驱动的教学决策也有助于提高教学资源的利用效率，减少无效劳动和重复劳动，使教学工作更加高效和精准。

（五）促进教师专业成长与团队协作

教学效果的持续监测不仅是对学生学习效果的关注，也是对教师教学能力和团队协作能力的考验。在翻转课堂与混合式教学的实践中，教师需要不断学习和掌握新的教学技术和教学方法，以提高自己的专业素养和教学能力。同时，教师之间也需要加强沟通和协作，共同研究教学问题、分享教学经验、优化教学策略。这种专业成长与团队协作的氛围有助于提升整体的教学效果和教学质量。

翻转课堂与混合式教学的实践为教学效果的持续监测提供了广阔的空间

和可能性。通过构建多维度监测体系、实现实时反馈与即时调整、定期评估与策略优化、强化数据驱动的教学决策以及促进教师专业成长与团队协作等措施的实施，我们可以更加全面、精准地掌握学生的学习动态和教学效果的达成情况，为教学质量的持续提升和个性化发展奠定坚实的基础。

第三节 探究式学习与合作学习模式的运用

一、创设探究情境

在数学教育领域，探究式学习与合作学习模式的运用，为学生提供了更加主动、深入的学习体验。这一教学模式的核心在于，通过精心设计的探究情境来激发学生的好奇心与求知欲，促使他们在解决问题的过程中主动探索、合作交流，从而深化对数学概念的理解，培养创新思维能力和解决问题的能力。

（一）挑战性问题的设计：启迪思考，跨越舒适区

探究情境的首要任务是设计一系列既具有挑战性又符合学生认知水平的数学问题。这些问题应当能够激发学生的探索欲望，引导他们走出已知的舒适区，勇敢地踏入未知的领域。例如，在教授几何图形的性质时，可以设计一个问题："如何仅使用直尺和圆规，构造出一个等边三角形？"这样的问题不仅考验了学生对几何基本工具的运用能力，还促使他们深入思考图形的构造原理，进而发现等腰三角形、等边三角形等图形的内在联系。通过这样的挑战性问题，学生能够体验到数学探索的乐趣，逐渐形成勇于探索、敢于质疑的学习态度。

（二）启发性情境的营造：激发兴趣，引导发现

除了设计挑战性问题，还需要营造一个充满启发性的探究情境。这将要求教师在课前做好充分的准备，利用实物模型、多媒体演示、数学故事等多种方式，将抽象的数学概念具体化、生动化。例如，在讲解分数概念时，可以设计一个"分蛋糕"的情境：假设有一个大蛋糕，需要均匀地分给几位小朋友，那么每个人应该得到多少蛋糕？这个情境贴近学生的生活实际，能够迅速吸引学生的注意力。接着，教师可以引导学生通过画图、切割实物等方式，直观地感受分数的意义，理解分数与整数、小数之间的关系。在这样的启发性情境中，学生能够自然而然地参与到数学学习中来，通过动手实践、观察思考，逐步发现数学的奥秘。

（三）合作学习机制的建立：促进交流，共享智慧

探究式学习离不开合作学习。在创设探究情境时，教师应注重构建合作学习的机制，鼓励学生之间形成学习共同体，共同面对挑战、分享成果。可以通过小组讨论、角色扮演、团队协作等多种形式，促进学生之间的交流与合作。例如，在解决一个复杂的数学问题时，教师可以将学生分成若干小组，每个小组负责问题的一个子部分。小组成员之间需要相互协作、共同讨论，才能找到解决问题的途径。在这个过程中，每位学生都能发挥自己的长处，同时也能从同伴那里学到新的知识和方法。通过合作学习，学生不仅能够加深对数学知识的理解，还能学会如何与人相处、如何沟通协作，为其未来的学习和生活打下坚实的基础。

（四）反馈与反思的融入：优化过程，提升能力

探究式学习是一个不断试错、不断优化的过程。在创设探究情境时，教师应注重将反馈与反思融入其中，帮助学生及时发现并纠正自己的错误，从而优化学习过程，提升学习能力。老师可以通过课堂观察、作业批改、小组

讨论等多种方式收集学生的反馈信息，然后针对这些问题进行有针对性的指导。同时，也要鼓励学生进行自我反思和总结，思考自己在探究过程中的得与失、成功与失败的原因，从而不断提升自己的学习能力和思维品质。

创设有效的探究情境是探究式学习与合作学习模式成功运用的关键。通过设计挑战性问题、营造启发性情境、建立合作学习机制以及融入反馈与反思等环节的实施，可以充分激发学生的探究兴趣和动力，促使他们主动参与到数学学习中来，在解决问题的过程中不断成长和进步。

二、引导自主探究

在教育的广阔天地里，引导学生走向自主探究的道路，是培养其创新思维与实践能力的关键一步。探究式学习与合作学习模式，作为现代教育理念的重要组成部分，为学生搭建了发现问题、解决问题的桥梁，促进了学生主体性的发挥和综合素质的提升。

（一）创设问题情境，激发探究欲望

探究始于问题，而问题往往源自真实或模拟的情境之中。在探究式学习的实施中，教师应精心设计富有启发性、挑战性和趣味性的问题情境，以激发学生的学习兴趣和探究欲望。这些问题情境可以是生活中的实际问题，也可以是学科领域内的未解之谜，它们应当能够引发学生的认知冲突，促使学生主动思考、积极探索。通过问题情境的创设，学生不仅能够感受到知识的价值与魅力，还能够在解决问题的过程中体验到成功的喜悦从而获得成就感。

（二）提供探究资源，支持自主探究

自主探究并不意味着学生孤立无援地面对问题。相反，教师应成为学生学习过程中的引导者和支持者，为学生提供必要的探究资源和工具。这些资源可以包括图书资料、网络资源、实验器材等，它们能够帮助学生拓宽视野、深化理解、验证假设。同时，教师还应鼓励学生利用课余时间进行自主学习

和探究，以培养他们的自主学习能力和信息检索能力。在探究过程中，学生将学会如何收集信息、分析数据、得出结论，这些技能对于他们未来的学习和生活都将产生深远的影响。

（三）鼓励合作学习，促进思维碰撞

合作学习是探究式学习不可或缺的一部分。在合作学习的过程中，学生们围绕共同的问题展开讨论、交流与合作，他们的思维在碰撞中产生火花，智慧在交流中得以汇聚。合作学习不仅能够促进学生之间的沟通与理解，还能够培养他们的团队协作能力和社会交往能力。在合作中，学生们可以相互学习、相互启发，共同解决问题，这种集体智慧的力量是任何个体都无法比拟的。因此，教师应积极组织学生开展合作学习活动，为他们提供足够的时间和空间进行交流和讨论。

（四）引导反思总结，提升探究能力

探究过程是一个不断试错、不断修正的过程。在每一次探究结束后，教师将引导学生进行反思和总结，回顾探究过程中的得失与收获。通过反思，学生可以认识到自己在探究过程中的不足之处，并思考如何改进和完善自己的探究方法。同时，反思还有助于学生深化对问题的理解，从而提升他们的思维能力和问题解决能力。此外，教师还应鼓励学生将探究成果进行展示和交流，让他们的成果得到认可和肯定，从而激发他们的学习热情和探究动力。

（五）营造探究氛围，培养创新精神

创新是时代的主旋律，也是教育的重要目标之一。为了培养学生的创新精神和实践能力，教师应努力营造一种鼓励探究、支持创新的良好氛围。在这种氛围中，学生将敢于质疑、勇于探索、乐于创新。教师应尊重学生的个性差异和独特见解，鼓励他们大胆地提出自己的想法和见解，并为他们提供展示自我、实现梦想的舞台。同时，教师还应加强对学生创新能力的培养，

通过开设创新课程、组织创新竞赛等方式，激发学生的创新潜能和创造力。

引导自主探究是探究式学习与合作学习模式的核心要义。通过创设问题情境、提供探究资源、鼓励合作学习、引导反思总结和营造探究氛围等措施的实施，可以有效地培养学生的独立思考能力、自主探究能力和创新精神。这将为他们未来的学习和生活奠定坚实的基础，使他们成为具有创新精神和实践能力的新时代人才。

三、小组合作学习

小组合作学习作为探究式学习与合作学习模式的重要实践形式，不仅能促进学生之间的深度交流与思想碰撞，还能有效地提升团队协作能力，为学生的全面发展奠定坚实的基础。在这一教学模式下，学生不再是孤立的学习个体，而是相互支持、共同进步的学习伙伴。

（一）合理分组：构建多元化学习共同体

小组合作学习的首要任务是进行合理分组。教师应充分考虑学生的个体差异，包括学习能力、性格特点、兴趣爱好等因素，力求在每个小组中形成优势互补、相互促进的良好局面。分组时，可以采用随机分配与自愿组合相结合的方式，鼓励学生跨班级、跨年级甚至跨学科组建学习小组，以促进不同背景学生之间的交流与融合。同时，小组规模应适中，既易于管理又能保证每位成员都能充分参与讨论和协作。

（二）明确任务：激发共同学习动力

小组合作学习需要明确的学习任务作为导向。这些任务应具有挑战性、开放性和实践性，能够激发学生的探索欲望和合作精神。任务的设定应紧扣教学目标，同时考虑学生的实际情况和兴趣点，确保每位学生都能在完成任务的过程中获得成长。为了增强任务的吸引力，教师可以采用问题驱动、项目导向等教学策略，引导学生围绕具体问题进行探究，通过团队协作找到解决方案。

（三）协作过程：促进深度互动与思维碰撞

小组合作学习的核心在于协作过程。在这个过程中，学生需要围绕学习任务展开充分的讨论和交流，共同制定解决方案，并分工合作完成任务。为了促进深度互动与思维碰撞，教师可以采用多种教学策略，如角色扮演、头脑风暴、思维导图等，鼓励学生发表自己的见解和想法，同时尊重并倾听他人的意见。此外，教师还应适时介入指导，为学生提供必要的支持和帮助，确保协作过程的顺利进行。

（四）评估反馈：强化学习成效与自我反思

小组合作学习后，及时的评估与反馈是必不可少的环节。评估不仅要关注学习成果的质量，还要重视协作过程中的表现与贡献。教师可以通过观察记录、小组讨论汇报、同伴评价等多种方式收集信息，对小组及成员的表现进行全面的评价。在反馈过程中，教师应注重正面激励与建设性建议的结合，既要肯定学生的努力和成就，又要指出存在的问题和改进的方向。同时，鼓励学生进行自我反思和总结，从中汲取经验教训，为未来的学习提供借鉴。

（五）培养团队协作能力与社交技能

小组合作学习不仅是知识学习的过程，更是团队协作能力与社交技能的培养过程。在小组中，学生需要学会如何与他人进行有效沟通、协商解决问题、分担责任以及相互支持。这些能力对于学生的未来发展至关重要。通过小组合作学习，学生能够逐渐摆脱自我中心的思维模式，学会从团队的角度出发考虑问题，形成集体荣誉感和责任感。同时，在协作过程中，学生还能学会尊重差异、包容多样、欣赏他人的优点和长处，从而培养良好的人际关系和社会适应能力。

小组合作学习作为探究式学习与合作学习模式的有效实践形式，对于提升学生的团队协作能力、促进深度互动与思维碰撞、强化学习成效与自我反思以及培养社交技能等方面具有重要意义。在未来的教学实践中，我们应继续探索和完善小组合作学习的策略与方法，为学生的全面发展创造更加有利的环境和条件。

四、成果交流与分享

在探究式学习与合作教学模式的深入实践中，成果的交流与分享作为一个不可或缺的环节，不仅是对学生学习成果的认可与展示，更是促进知识深化、思维拓展和创新能力提升的重要途径。通过这一平台，学生们能够相互学习、启发灵感，共同构建更加丰富多元的知识体系。

（一）构建多元化展示平台

为了充分展示学生的探究成果，应构建多元化的展示平台。这包括但不限于课堂展示、校园展览、在线平台发布等形式。课堂展示能够直接面向师生，提供即时反馈与互动的机会；校园展览则能吸引更广泛的观众，包括其他年级的学生、家长以及社区成员，从而增强学生的成就感和荣誉感；而在线平台的发布则打破了时间和空间的限制，使得成果的传播更加广泛和持久。通过这些平台，学生们可以灵活运用图表、报告、视频、模型等多种方式，生动地呈现自己的探究过程和成果。

（二）鼓励多样化的交流方式

在成果交流的过程中，应鼓励学生采用多样化的交流方式。这既包括正式的演讲和报告，也涵盖小组讨论、问答环节、意见交换等更为灵活的形式。正式的演讲和报告能够锻炼学生的表达能力和逻辑思维；小组讨论则能促进学生之间的深入交流和思想碰撞；问答环节则为观众提供了提问和质疑的机会，有助于进一步增加探究的深度和广度。通过这些多样化的交流方式，学生们能更够加全面地展示自己的成果，同时也能够从他人的反馈中汲取营养，不断完善自己的探究思路和方法。

（三）强化反思与互评机制

成果交流与分享不仅是对学习成果的简单展示，更是一个反思与互评的过程。在每次交流之后，教师应引导学生对自己的探究过程进行反思，总结成功经验，分析存在的不足，并思考如何改进。同时，还应建立互评机制，鼓励学生之间相互评价，指出优点和不足，提出建设性的意见和建议。这种反思与互评的过程不仅能够帮助学生更加客观地认识自己的学习情况，还能够培养他们的批判性思维和自我反思能力。此外，通过互评，学生们还能够学会欣赏他人的优点，尊重他人的成果，从而形成良好的学习氛围和团队合作精神。

（四）促进跨学科融合与创新

在探究式学习与合作学习中，成果的交流与分享还能够促进跨学科知识的融合与创新。当学生们展示各自领域的探究成果时，往往会涉及其他学科的知识和技能。这种跨学科的交流不仅能够拓宽学生的视野，还能够激发他们的创新思维和跨学科解决问题的能力。例如，在生物探究中引入物理学的实验方法，在历史研究中运用信息技术的手段等。这些跨学科的融合不仅丰富了探究的内容和形式，还为学生们提供了更多的探究视角和思考维度。

（五）营造开放包容的交流氛围

为了确保成果交流与分享的顺利进行，营造一种开放包容的交流氛围至关重要。在这种氛围中，每位学生都应该被鼓励来表达自己的观点和想法，无论其是否正确或成熟。教师应以开放的心态接受学生的不同见解和创新思维，并给予积极的回应和支持。同时，还应教育学生尊重他人的成果和观点，避免嘲笑或贬低他人的言论。这种开放包容的氛围能够让学生们感受到学习的乐趣和成就感，从而更加积极地参与到探究学习和合作交流中来。

　　成果交流与分享是探究式学习与合作学习中不可或缺的重要环节。通过构建多元化展示平台、鼓励多样化的交流方式、强化反思与互评机制、促进跨学科融合与创新以及营造开放包容的交流氛围等措施的实施，可以更好地促进学生的相互学习和启发，激发他们的创新思维和实践能力，为他们的全面发展奠定坚实的基础。

五、探究式学习评价体系

　　在探究式学习与合作学习模式的实践中，构建一个全面、科学的评价体系至关重要。这一体系不仅要关注学生的学习成果，更要重视学生在探究过程中的表现、创新思维的发展以及团队协作能力的提升。通过多维度、多层次的评价，可以更加全面、客观地反映学生的学习状况，激发他们的学习潜能与创造力，促进他们的全面发展。

（一）探究过程评价：重视过程，关注成长

　　探究式学习强调学习过程的重要性，因此，在评价体系中，对探究过程的评价应占据核心地位。这包括对学生提出问题、设计方案、收集资料、分析数据、得出结论等各个环节的评估。评价时，应关注学生在探究过程中的积极性、主动性、创造性以及面对困难时的应对策略。通过过程评价，教师可以及时发现学生在探究过程中的亮点与不足，并给予有针对性的指导和帮助，促进学生的个性化成长。

（二）创新思维评价：鼓励创新，培养能力

　　创新思维是探究式学习的核心目标之一。在评价体系中，应设立专门的维度来评估学生的创新思维能力和表现。这包括对学生提出的新颖观点、独特见解、创造性解决方案等方面的评价。评价时，教师应秉持开放、包容的态度，鼓励学生大胆尝试、勇于探索，不轻易否定学生的想法。同时，通过

组织创新思维展示、交流分享等活动，为学生提供展示自我、相互学习的平台，进一步地激发他们的创新热情和能力。

（三）团队协作能力评价：强化合作，促进共赢

在合作学习模式下，团队协作能力是学生必备的一项重要能力。因此，在评价体系中，对团队协作能力的评价也是不可或缺的。这包括对学生在小组中的参与度、贡献度、沟通协调能力等方面的评估。评价时，教师应注重观察学生在小组中的实际表现，了解他们在合作中的角色定位、任务完成情况以及相互之间的支持与配合情况。通过团队协作能力的评价，可以引导学生认识到合作的重要性，培养他们的集体荣誉感和责任感，促进他们在团队中发挥自己的长处并相互学习借鉴。

（四）多元化评价主体：多方参与，全面反映

为了确保评价的客观性和全面性，评价体系应引入多元化评价主体。除了教师评价外，还应鼓励学生自评、互评以及家长、社区等外部评价主体的参与。学生自评可以帮助学生反思自己的学习过程与成果，明确自己的优点与不足；互评则可以促进学生之间的相互学习与理解，培养他们的批判性思维和沟通能力；家长和社区的评价则可以提供学生校外表现的反馈，有助于形成家校共育的良好氛围。通过多元化评价主体的参与，可以更加全面、客观地反映学生的学习状况和发展水平。

（五）动态评价与持续改进：关注发展，追求卓越

探究式学习评价体系应是一个动态、持续的过程。教师应根据学生的实际情况和发展的需求，不断调整和完善评价标准和方法。同时，评价结果应作为改进教学和学生学习的重要依据。对于表现优异的学生，教师应给予充分的肯定和鼓励；对于存在不足的学生，教师应提供具体的改进建议和支持措施。通过动态评价与持续改进的机制，可以不断激发学生的学习动力与潜

能，从而促进他们的全面发展与成长。

　　探究式学习评价体系是探究式学习与合作学习模式成功实施的重要保障。通过多维度、多层次的评价体系的构建与实施，可以更加全面、客观地反映学生的学习状况和发展水平，同时激发他们的学习潜能与创造力，培养他们的创新思维和团队协作能力，为他们的未来发展奠定坚实的基础。

第五章 高职高等数学教学内容的创新

第一节 教学内容的优化与精选

一、与职业需求紧密结合

在高职教育领域，教学内容的选取与构建直接关系到学生的职业竞争力与未来发展。为了确保学生能够学以致用，顺利地融入职场，教学内容必须与职业需求紧密结合，实现知识学习与职业实践的无缝对接。

（一）深入分析行业趋势，把握职业需求动态

高职教育应始终保持对行业动态的敏锐洞察，深入分析当前及未来一段时间内行业的发展趋势、技术革新以及人才市场需求变化。通过行业报告、企业调研、专家访谈等多种渠道，收集第一手资料，明确各职业岗位所需的核心技能、知识结构和综合素质。在此基础上，调整和优化教学内容，确保课程内容与职业需求的高度契合，为学生的顺利就业打下坚实的基础。

（二）构建模块化课程体系，灵活对接职业岗位

针对高职教育的特点，应构建以职业岗位为导向的模块化课程体系。每个模块围绕特定的职业核心能力或岗位需求设计，涵盖理论知识、实践技能、职业素养等多个方面。通过模块间的灵活组合与调整来满足不同专业方向、不同层次学生的学习需求，实现教学内容的精准投放和个性化培养。同时，

这种模块化设计也有利于教学内容的更新与迭代，确保课程内容始终与职业需求保持同步。

（三）强化实践教学环节，提升学生应用能力

高职教育强调"做中学、学中做"，实践教学是连接理论知识与职业实践的重要桥梁。在教学过程中，应加大实践教学的比重，通过校企合作、工学交替、项目驱动等多种方式，为学生创造更多的实践机会。让学生在真实或模拟的工作环境中，运用所学的知识解决实际问题，提升专业技能和职业素养。同时，通过实践教学反馈，不断调整和优化教学内容，确保教学效果的最大化。

（四）融入新技术新工艺，紧跟时代发展步伐

随着科技的飞速发展，新技术、新工艺层出不穷，也对高职教育的教学内容提出了新的挑战。为了保持教学内容的先进性和前瞻性，必须密切关注科技动态，及时将新技术、新工艺融入教学内容之中。通过开设新课程、更新教学内容、引入先进教学设备等方式，让学生接触到最前沿的科技知识，培养他们的创新意识和创新能力。这样不仅能提升学生的职业竞争力，还能为他们未来的职业发展奠定坚实的基础。

（五）注重职业素养教育，培养全面发展人才

在高职教育中，除了专业技能的培养，职业素养教育同样不可忽视。职业素养包括职业道德、职业精神、职业态度等多个方面，是学生未来职场成功的关键因素。因此，在教学内容中应融入职业素养教育元素，通过开设职业素养课程、组织职业生涯规划活动、加强心理健康教育等方式，引导学生树立正确的职业观和价值观，培养良好的职业道德和职业操守。同时，还要注重学生综合素质的提升，培养他们的团队协作能力、沟通能力和创新能力等软技能，使其成为全面发展的高素质技能型人才。

与职业需求紧密结合是高职教学内容优化与精选的核心要义。通过深入分析行业趋势、构建模块化课程体系、强化实践教学环节、融入新技术新工艺以及注重职业素养教育等措施的实施，可以确保高职教学内容与职业需求的高度契合，为学生的职业发展提供有力的支撑。

二、基础与进阶内容分层

在教育实践中，针对不同学生的学习能力和兴趣差异，对教学内容进行科学合理的分层设计显得尤为重要。这一策略旨在确保每位学生都能在适合自己的学习节奏中稳步前进，既巩固扎实的基础理论，又勇于探索深入的专业进阶内容。

（一）基础层：稳固根基，激发兴趣

基础层的教学内容是整个知识体系的基石，它涵盖了学科中最核心、最基础的概念、原理和方法。在这一层次，我们要注重知识的系统性和连贯性，通过清晰的讲解和丰富的示例，帮助学生建立起对学科的基本认识和理解。同时，为了激发学生的学习兴趣，我们应采用多样化的教学手段，如故事引入、实验演示、互动问答等，让学生在轻松愉快的氛围中掌握基础知识。

在基础层的教学中，我们还特别强调了知识的应用性。通过设计贴近学生生活实际的问题和任务，引导学生将所学知识运用到实际情境中，从而加深对知识的理解和记忆。此外，我们还应注重培养学生的基本学习技能和思维习惯，如阅读理解、笔记整理、归纳总结等，为他们后续的学习打下坚实的基础。

（二）进阶层：深化理解，拓宽视野

当学生在基础层打下坚实的基础后，他们便有能力向更高层次的知识领域迈进。进阶层的教学内容在深度和广度上都有所提升，旨在进一步激发学生的探索欲和求知欲。在这一层次，我们要注重知识的内在逻辑和联系，引

导学生深入理解学科的本质和规律。为了实现这一目标，我们设计了一系列具有挑战性的学习任务和项目，来鼓励学生通过自主学习、合作探究等方式，主动探索学科的前沿知识和热点问题。同时，我们还积极引入最新的科研成果和教学资源，拓宽学生的学术视野和知识面。在进阶教学中，我们还特别强调了批判性思维和创新思维的培养，鼓励学生敢于质疑、勇于创新，形成独立思考和解决问题的能力。

（三）个性化学习路径规划

除了基础层和进阶层的明确划分外，我们还应注重为学生提供个性化的学习路径规划。根据学生的学习能力、兴趣爱好和学习目标等因素，我们为每位学生量身定制了适合他们的学习计划和资源推荐。通过智能化的学习系统和数据分析技术，我们可以实时监测学生的学习进度和成效，并根据反馈结果及时调整学习方案，确保学生始终保持在最佳的学习状态。个性化学习路径规划的实施，不仅有助于满足学生多样化的学习需求，还有助于激发学生的学习兴趣和动力，提高他们的学习效率和效果。同时，这一策略还能够促进学生的全面发展，帮助他们在学科知识、能力素质和心理健康等方面实现均衡发展。

（四）持续评估与反馈机制

为了确保教学内容分层设计的有效性和针对性，我们还建立了完善的评估与反馈机制。通过定期的学习测试、项目展示、同伴评价等方式，我们可以全面了解学生的学习情况和成效，并及时发现问题和不足。基于评估结果，我们可以对教学内容、教学方法和学习资源等进行调整和优化，以确保它们能始终与学生的学习需求和发展目标保持一致。

此外，我们还鼓励学生积极参与评估过程，表达自己的学习感受和需求。通过与学生的深入沟通和交流，我们可以更好地理解他们的学习特点和困难所在，为他们提供更加精准和有效的支持和帮助。这种双向互动的评估与反馈机制，有助于构建更加和谐、高效的教学环境和学习氛围。

三、知识点整合与重构

（一）基础理论的融合与深化

在整合与重构知识体系的过程中，首先需聚焦于基础理论的深度融合与拓展。传统教学中，各学科或章节往往独立成篇，而忽略了知识间的内在联系。因此，我们应从全局视角出发，将数学、物理、化学等基础学科中的核心概念与原理进行交叉融合，形成跨学科的理解框架。例如，将微积分原理与物理学中的动力学、电磁学相结合，不仅能加深学生对微积分应用的理解，还能促进对物理现象本质的认识。同时，通过引入计算机科学中的算法思维，将抽象理论具象化为解决实际问题的方法，如使用迭代法解决物理中的微分方程问题，从而增强知识的实用性和趣味性。

（二）实验技能与理论知识的无缝对接

实验是科学学习的重要组成部分，但在传统教学中，实验往往被视为理论知识的附属品。在重构知识体系时，应强调实验技能与理论知识的紧密结合，形成"理论引导实验，实验验证理论"的良性循环。通过设计综合性实验项目，让学生在实际操作中理解理论知识的应用场景和限制条件，培养其分析问题、解决问题的能力。此外，利用虚拟仿真技术，可以突破实验条件的限制，让学生在安全、可控的环境下探索更多未知的科学领域，既拓宽了视野，又激发了创新思维。

（三）历史脉络与前沿动态的贯通

任何学科的发展都有其历史脉络和前沿动态，两者相辅相成，共同构成了学科的知识体系。在整合过程中，应注重将历史脉络与前沿动态相贯通，使学生既能了解学科的发展历程，又能紧跟时代步伐，掌握最新的科研成果。通过引入学科史的介绍，让学生认识到科学发现的艰辛与伟大，培养其科学精神和人文情怀。同时，定期更新教学内容，将最新的科研成果融入课堂，进而激发学生的好奇心和探索欲，鼓励他们参与到科学研究的实践中去。

（四）跨学科综合能力的培养

面对复杂多变的社会问题，单一学科的知识已难以满足解决需求。因此，在重构知识体系时，应特别注重跨学科综合能力的培养。通过开设跨学科课程、组织跨学科项目合作等方式，引导学生跨越传统学科的界限，运用多学科的知识和方法解决实际问题。这种综合性的学习方式不仅能够提升学生的综合素质和创新能力，还能够促进不同学科之间的交流与融合，推动学科的新发展。

（五）批判性思维与问题解决能力的培养

在信息爆炸的时代，如何有效筛选、分析和利用信息成为每个人必备的技能。在重构知识体系的过程中，应加强对批判性思维和问题解决能力的培养。通过案例分析、讨论辩论、模拟决策等多种教学方式，引导学生学会独立思考、质疑权威、理性判断，并能够在复杂情境中找到问题的症结所在，提出切实可行的解决方案。这种能力的培养不仅有助于学生在学术上取得成就，而且能够为他们未来的职业发展和社会生活奠定坚实的基础。

（六）实践与创新能力的强化

实践是检验真理的唯一标准，创新则是推动社会进步的不竭动力。在重构知识体系时，应高度重视实践与创新能力的培养。通过设立创新实验室、开放科研平台、鼓励学生参与科研项目和竞赛等方式，为学生提供充足的实践机会和创新空间。同时，应注重培养学生的团队协作精神和领导力，使他们在实践中学会沟通、协调和合作，共同推动项目的顺利进行和成果的产出。

这种实践与创新能力的强化不仅能够提升学生的综合素质和竞争力，还能够为社会培养出更多具有创新意识和实践能力的人才。

四、注重数学思维培养

（一）强化逻辑推理训练，构建严谨思维框架

在数学教学中，逻辑推理能力是培养学生数学素养的核心要素之一。为了有效提升这一能力，教学内容应精心设计，融入更多需要学生进行逻辑推导和论证的环节。例如，在讲解几何证明题时，不仅要展示标准答案的解题过程，更要引导学生理解每一步推理背后的逻辑依据，鼓励他们尝试从不同角度、采用不同方法证明同一结论，以此锻炼其逆向思维与正向推理的结合能力。同时，可以增设一些开放性问题，让学生在没有固定答案的情况下，运用逻辑推理去探索可能的解决方案，从而培养其独立思考能力和解决问题的能力。

（二）深化抽象思维培养，拓宽数学视野

抽象思维是数学学科独有的魅力所在，也是学生深入理解数学概念、掌握数学方法的关键。在教学过程中，应注重从具体实例出发，逐步引导学生提炼出抽象的数学概念和规律。例如，在讲解函数概念时，可以通过分析气温随时间变化、商品销量随价格变化等具体实例，让学生感受到函数关系的普遍存在，进而抽象出函数的定义、性质及表示方法。此外，还应鼓励学生参与数学模型的构建过程，先将实际问题抽象为数学问题，再运用数学工具进行求解，这一过程不仅锻炼了学生的抽象思维能力，还提升了他们运用数学解决实际问题的能力。

（三）优化问题解决策略，提升数学实践能力

问题解决是数学学习的最终目的，也是检验学生数学素养的重要标准。

为了提高学生的问题解决能力，教学内容应更加注重策略性和方法性的指导。一方面，可以引入更多贴近学生生活实际的问题情境，让学生在解决实际问题的过程中，学会将复杂问题分解为简单子问题，逐步逼近最终答案。另一方面，应加强对解题策略的总结与归纳，如分类讨论、数形结合、化归转化等常用策略，让学生在反复练习中掌握这些策略的运用技巧，从而形成自己的解题风格。同时，还应鼓励学生进行反思与总结，分析解题过程中的成功与不足，以便在未来的学习中不断优化自己的问题解决策略。

（四）融合数学文化，激发学习兴趣

数学不仅是一门科学，更是一种文化。在数学教学中融入数学文化的元素，可以激发学生的学习兴趣，增强他们对数学学科的认同感和归属感。因此，教学内容中应适当穿插数学史的介绍、数学名人的故事以及数学在现代科技、社会生活中的应用实例等内容。这些素材不仅能拓宽学生的知识面，还能让他们感受到数学的魅力和价值所在，从而更加主动地投入数学学习中去。

（五）促进合作交流，培养团队协作精神

数学学习不仅是个人努力的过程，也是团队协作的结果。在教学过程中，应鼓励学生之间的合作交流，通过小组讨论、合作学习等方式，共同解决数学问题。这种学习方式不仅可以促进学生之间的思想碰撞和灵感激发，还可以培养他们的团队协作精神和沟通能力。同时，教师还应及时关注学生的学习动态，并给予必要的指导和帮助，以确保合作交流活动能够顺利进行并取得预期效果。

注重数学思维培养的教学内容优化与精选应围绕逻辑推理、抽象思维、问题解决等多个方面展开，通过丰富多样的教学手段和策略，全面提升学生的数学素养和综合能力。

五、实时更新教学内容

（一）紧跟数学学科前沿动态

在数学教育领域，实时更新教学内容是确保学生能够掌握最新知识、技能和理论的关键。数学作为一门基础且不断发展的学科，其前沿领域如数论、代数几何、概率统计、计算数学等，正经历着日新月异的变革。因此，教学内容应紧密跟踪这些领域的最新研究成果，将最新的理论、方法和应用引入课堂。例如，在概率统计课程中，可以介绍机器学习中的贝叶斯网络、深度学习中的优化算法等前沿话题，让学生了解到数学在大数据和人工智能领域的广泛应用。

（二）融合行业发展趋势

数学不仅是一门纯理论学科，更是推动科技进步和产业发展的重要力量。因此，在更新教学内容时，还需关注数学学科与相关行业的融合趋势。例如，在金融领域，数学被广泛应用于风险评估、量化投资、衍生品定价等方面；在信息技术领域，数学则是算法设计、数据分析、信息安全等核心技术的基础。通过引入这些行业中的实际问题和案例，可以使学生更加直观地感受到数学的应用价值，从而激发他们的学习兴趣和动力。

（三）强化实践教学环节

理论知识的学习固然重要，但实践教学环节同样不可或缺。为了让学生更好地掌握数学知识和技能，应强化实践教学环节，将理论教学与实践操作相结合。例如，在开设数学软件应用课程时，可以引入 MATLAB、Python 等主流编程语言和软件工具，让学生亲手编写程序来解决数学问题；在开设数学建模课程时，可以组织学生参与数学建模竞赛或实际项目研究，让他们在实践中锻炼问题解决能力和团队协作能力。

（四）推广在线教育资源

随着互联网技术的快速发展，在线教育已成为一种重要的教育形式。在更新教学内容时，应充分利用在线教育资源的优势，为学生提供更加灵活、便捷的学习方式。例如，可以建立数学学科的网络学习平台，上传最新的教学视频、课件、习题等资源供学生自学；可以邀请数学领域的专家学者进行在线讲座和答疑，拓宽学生的学术视野和知识面；还可以利用社交媒体等渠道与学生进行互动交流，了解他们的学习需求和困惑，为他们提供更加个性化的学习指导。

（五）加强师资队伍建设

教师是教学内容更新和优化的关键力量。为了保持教学内容的前沿性和时代性，应加强师资队伍建设，提高教师的专业素养和教学能力。具体来说，可以通过组织教师参加国内外学术会议、进修培训等方式，让他们了解数学学科的前沿动态和最新研究成果；也可以通过建立教学团队和科研团队相结合的方式，促进教师之间的交流与合作；还可以通过建立激励机制和评价体系等方式，激发教师的工作热情和创造力，推动教学内容的不断更新和优化。

（六）注重学生自主学习能力的培养

在知识更新速度日益加快的今天，学生只有具备自主学习的能力才能适应未来社会的发展需求。因此，在更新教学内容时，应注重培养学生自主学习的能力。具体来说，可以通过设置开放性问题、鼓励学生进行课外探究等方式来激发他们的学习兴趣和探究欲望；也可以通过提供丰富的学习资源和工具支持他们的自主学习过程；还可以通过建立学习共同体和合作学习小组等方式来促进他们之间的交流和合作，共同提高学习效果。同时，教师还应关注学生的学习进展和困惑，并及时给予指导和帮助，以确保他们能够顺利完成学习任务并取得良好的学习效果。

第二节　引入行业案例与实际问题

一、行业案例融入教学

在当今快速发展的社会，数学作为一门基础学科，其应用范围已远远超出了传统领域，广泛渗透到了各行各业之中。为了使学生更好地理解数学的实用性和价值，将行业案例融入数学教学成了一种行之有效的教学策略。

（一）精选行业案例，贴近学生实际

在选取行业案例时，应注重其代表性和时效性，确保案例能够反映当前行业的发展趋势和技术前沿。同时，案例应贴近学生的生活和学习实际，以便于被学生理解和接受。例如，在教授统计学知识时，可以引入电商平台的销售数据分析案例，让学生通过分析实际销售数据来掌握统计学的基本原理和方法；在教授线性规划时，则可以选取物流运输中的成本最小化问题作为案例，让学生在实际问题的解决过程中，深刻理解线性规划的应用价值。

（二）构建问题导向的教学情境

将行业案例融入数学教学，关键在于构建问题导向的教学情境。教师应根据案例内容，设计一系列具有挑战性和启发性的问题，引导学生主动思考、积极探索。这些问题应紧密围绕教学目标和知识点，同时具有一定的开放性和探索性，以激发学生的创新思维和解决问题的能力。通过问题的引导，学生可以逐步深入案例，理解其中的数学原理和应用方法，从而达到学以致用的目的。

（三）强化实践操作，提升应用能力

行业案例融入数学教学的另一个重要目的是提升学生的实践能力和应用

能力。因此，在教学过程中，教师应注重实践操作环节的设计和实施。教师可以通过模拟实验、项目研究等方式，让学生亲自动手来解决问题，体验数学在实际工作中的应用过程。例如，在教授数据分析技术时，可以组织学生进行市场调研活动，收集相关数据并进行处理和分析；在教授概率论与数理统计时，则可以安排学生参与风险评估项目，让其运用所学知识对实际问题进行评估和预测。

（四）促进跨学科融合，拓宽知识视野

行业案例往往涉及多个学科领域的知识和技能。因此，在将行业案例融入数学教学时，还应注重跨学科融合的教学理念。通过与其他学科的交叉渗透和相互支持，可以帮助学生构建更加完整和系统的知识体系。例如，在教授经济学中的最优化问题时，可以引入数学中的最优化理论和方法；在教授金融学中的风险管理时，则可以借助统计学和概率论的知识进行分析和预测。这种跨学科融合的教学方式不仅可以拓宽学生的知识视野，还可以提高他们的综合素质和创新能力。

（五）建立反馈机制，优化教学效果

为了确保行业案例融入数学教学的效果和质量，还应建立有效的反馈机制。教师可以通过课堂观察、作业批改、项目评审等方式来收集学生的学习反馈和意见建议，及时了解教学过程中存在的问题和不足，并进行针对性的改进和优化。同时，还可以邀请行业专家或企业代表参与教学活动，为学生提供更加真实和专业的指导和建议。通过不断的反馈和优化，可以不断提升教学质量和效果，为学生的未来发展奠定坚实的基础。

二、实际问题驱动教学

（一）构建实际问题情境

在数学教学中，引入实际问题情境是激发学生兴趣、增强学习动力的有效途径。教师应根据教学目标和学生的认知水平，精心挑选或设计贴近学生生活、具有挑战性的实际问题，如城市规划中的道路布局优化、金融市场的风险评估、生态环境中的种群增长模型等。这些问题不仅涵盖了数学的基础概念和原理，还融入了行业背景和社会热点，使学生在解决问题的过程中感受到数学的实用性和趣味性。

（二）设计数学问题链

针对实际问题，教师应设计一系列由浅入深、环环相扣的数学问题链，引导学生逐步深入探索。问题链的设计应遵循学生的认知发展规律，从直观感知到抽象概括，从简单应用到复杂综合，逐步提升学生的数学思维和问题解决能力。例如，在解决城市规划问题时，可以首先从简单的道路交叉点数量计算入手，其次逐步引入图论中的最短路径、网络流等概念和方法，最后综合应用这些知识优化道路布局。

（三）强化数学建模能力

数学建模是将实际问题抽象为数学问题并求解的过程，是数学应用能力的重要体现。在实际问题驱动的教学中，教师应注重培养学生的数学建模能力。通过引导学生分析实际问题的数学特征、确定数学模型、求解模型并验证结果等步骤，让学生亲身体验数学建模的全过程。同时，教师还可以介绍一些常用的数学软件和工具，如 MATLAB、Python 等，以此帮助学生更加高效地完成建模工作。

（四）促进跨学科融合

实际问题往往涉及多个学科领域的知识和技能，因此在实际问题驱动的教学中，教师应注重促进跨学科融合。通过与其他学科教师的合作与交流，共同设计跨学科的教学项目和任务，让学生在解决问题的过程中综合运用多学科的知识和方法。这种跨学科的教学方式不仅能够拓宽学生的知识面和视野，还能够培养他们的综合素质和创新能力。

（五）注重过程性评价与反馈

在实际问题驱动的教学中，教师应注重过程性评价与反馈。通过观察学生在解决问题过程中的表现、提问、讨论等方式，及时了解学生的学习进展和困惑，并给予有针对性的指导和帮助。同时，教师还可以采用同伴评价、自我评价等多种评价方式，鼓励学生积极地参与评价过程，培养他们的反思能力和批判性思维。此外，教师还应及时给予学生正面、具体的反馈，肯定他们的努力和成就，激发他们的学习动力和自信心。

（六）培养问题解决与创新思维

实际问题驱动的教学旨在培养学生的问题解决能力和创新思维。在教学过程中，教师应鼓励学生敢于质疑、勇于探索、不断创新。通过设计开放性问题、组织讨论交流、鼓励提出新观点和新方案等方式，激发学生的创新潜能和创造力。同时，教师还应注重培养学生的团队协作能力和沟通能力，让他们在合作中学会相互尊重、相互支持、相互学习，共同面对挑战，解决问题。这种教学方式不仅能够提升学生的数学素养和综合能力，还能够为他们未来的学习和工作打下坚实的基础。

三、数据分析与决策支持

在当今信息爆炸的时代，数据分析已成为各行各业不可或缺的一部分，它不仅揭示了数据背后的隐藏规律，更为决策制定提供了强有力的支持。数学教育应当紧跟这一趋势，强调数据分析在解决实际问题中的应用，致力于培养学生运用数学方法进行数据分析和决策支持的能力。

（一）理解数据分析的核心价值

数据分析的核心在于通过数学和统计方法，从海量、复杂的数据中提取有价值的信息，进而指导实践。在教学中，首先要让学生深刻理解数据分析的重要性及其在各个行业中的应用场景，如市场预测、风险管理、客户行为分析等。通过理论讲解与实例展示相结合的方式，让学生认识到数据分析不仅是技术的体现，更是推动社会进步和产业升级的关键力量。

（二）掌握数据分析的基本工具与技能

为了实现有效的数据分析，学生需要掌握一系列的基本工具与技能，包括数据处理、数据可视化、统计推断、模型建立等。在教学中，应详细介绍这些工具与技能的基本原理、操作步骤和应用场景，并通过实践项目让学生亲自动手操作来加深理解和记忆。同时，鼓励学生关注数据分析领域的最新发展动态，如人工智能、大数据等技术的融合应用，以使他们能够适应未来职业发展的需求。

（三）培养批判性思维与决策能力

数据分析不仅需要技术的堆砌，更需要批判性思维和决策能力的支撑。在教学中，应注重培养学生的批判性思维，引导他们学会质疑数据、分析假设、评估结论。同时，通过模拟真实世界的决策场景，让学生运用数据分析结果进行决策制定，体验决策过程中的权衡与取舍。这种教学方式有助于学生形成科学的决策观念和方法论体系，为他们未来的职业生涯奠定坚实的基础。

（四）结合行业案例深化理解

为了使学生更好地理解数据分析在解决实际问题中的应用价值，教学中应融入丰富的行业案例。这些案例应覆盖多个领域，如金融、医疗、教育等，通过详细剖析这些案例中的数据分析过程、方法选择和决策结果，让学生深刻体会到数据分析的实用性和挑战性。同时，鼓励学生结合自己所学专业或兴趣领域，自主收集和分析相关数据，提出自己的见解和解决方案。这种教学模式不仅能够激发学生的学习兴趣和动力，还能够培养他们的自主学习能力和创新精神。

（五）构建跨学科学习平台

数据分析涉及多个学科领域的知识和技能，如数学、统计学、计算机科学、经济学等。为了培养全面发展的数据分析人才，应构建跨学科的学习平台。通过组织跨学科的课程、讲座、研讨会等活动来促进不同学科之间的交流与融合。同时，鼓励学生积极参与跨学科的实践项目或研究团队，与来自不同背景的同学和专家合作，共同解决复杂的数据分析问题。这种跨学科的学习方式有助于拓宽学生的知识视野和思维空间，进而提高他们的综合素质和创新能力。

四、跨学科案例探讨

（一）数学与物理学的深度交融

在数学与物理学的交会地带，众多跨学科案例展示了两者不可分割的联系。例如，在量子力学领域，波函数的概念及其演化方程——薛定谔方程，深刻体现了数学中复变函数与偏微分方程的应用。通过探讨这些案例，学生可以理解到数学不仅是描述物理现象的工具，更是物理理论构建的基础。此外，物理实验数据的处理与分析，如利用傅里叶变换解析光谱数据，也展现了数学在处理复杂物理问题中的强大能力。这样的跨学科探讨，不仅加深了学生对数学知识的理解，也拓宽了他们对物理学乃至整个自然科学的认识。

（二）数学与工程技术的紧密合作

在工程技术领域，数学的应用无处不在，从基础的力学分析到复杂的系统控制，都离不开数学的支撑。引入桥梁结构设计、航空航天工程等实际案例，可以让学生体会到数学如何帮助工程师解决实际问题。例如，在桥梁设计中，需要运用数学方法进行荷载分析、结构优化和稳定性评估，以确保桥梁的安全性和经济性。这些案例不仅展示了数学在工程实践中的重要性，也促使学生思考如何将数学知识转化为解决实际问题的能力。

（三）数学与经济学的相互渗透

经济学作为一门社会科学，其理论构建和实证分析都离不开数学的支撑。通过探讨经济学中的数学模型，如消费者行为理论中的效用函数、市场均衡理论中的供需曲线等，可以让学生理解到数学在经济分析中的重要作用。进一步地，引入金融市场风险管理、投资组合优化等实际案例，可以让学生看到数学在经济学领域的广泛应用。这些案例不仅帮助学生掌握了经济学的基本分析工具，也培养了他们的经济直觉和决策能力。

（四）数学与生物学的交叉创新

生物学作为一门研究生命现象和规律的学科，其研究手段和方法正日益受到数学的影响。通过引入种群生态学中的 Logistic 增长模型、遗传学中的概率统计方法等跨学科案例，可以让学生看到数学在生物学研究中的独特价值。此外，随着生物信息学的发展，数学在基因序列分析、蛋白质结构预测等领域的应用也越来越广泛。这些案例不仅拓宽了学生的知识视野，也激发了他们探索生命奥秘的兴趣和热情。

（五）数学与计算机科学的协同发展

计算机科学作为数学的一个分支，其发展离不开数学理论的支撑。从基础的算法设计到复杂的系统架构，都蕴含着深厚的数学原理。通过探讨计算机科学中的数学问题，如图论在社交网络分析中的应用、线性代数在机器学习中的基础作用等，可以让学生看到数学在计算机科学中的核心地位。同时，计算机技术的发展也为数学研究提供了新的方法和工具，如数值计算、数据可视化等。这种协同发展不仅促进了数学与计算机科学的共同进步，而且为学生提供了更广阔的学习和发展空间。

（六）培养跨学科思维与综合能力

跨学科案例探讨的核心目的在于培养学生的跨学科思维和综合能力。通过引入不同领域的实际案例，让学生看到数学与其他学科之间的紧密联系和相互影响，从而打破学科壁垒，形成更加开放和包容的知识体系。同时，跨学科案例探讨还鼓励学生运用多学科的知识和方法去分析问题和解决问题，以培养他们的综合能力和创新思维。这种教学模式不仅有助于提升学生的学术素养和竞争力，也为他们未来的职业发展和人生规划提供了更多的可能性。

五、案例库建设与共享

在教育领域，案例库作为连接理论与实践的重要桥梁，对于提升教学质量、促进学生实践能力具有重要意义。特别是在数学及其应用学科中，引入行业案例更是能够帮助学生将抽象的数学知识与实际工作场景相结合，增强学习的针对性和实用性。因此，建立行业案例库并实现资源共享，成了当前教育改革的一个重要方向。

（一）明确案例库建设目标

案例库建设的首要任务是明确其目标定位。这包括确定案例库所覆盖的行业领域、案例类型、难度层次以及使用对象等。通过广泛调研和需求分析，可以确保案例库的建设紧贴行业需求，满足师生教学和学习的实际需要。同时，还需注重案例的时效性和代表性，确保案例内容能够反映当前行业发展的最新趋势和热点问题。

（二）制定案例筛选与审核标准

为了保证案例库的质量，必须制定严格的案例筛选与审核标准。这包括案例的真实性、完整性、规范性以及教学价值等方面的要求。具体来说，案例应来源于真实的工作场景，具有明确的背景信息和数据支持；案例描述应清晰完整，逻辑严密，能够准确地反映问题的本质和关键点；案例应符合学术规范和道德要求，避免涉及敏感或争议性内容；最重要的是，案例应具有一定的教学价值，能够帮助学生理解数学知识在实际工作中的应用，提升学生的实践能力和问题解决能力。

（三）建立案例收集与整理机制

案例库的建设离不开丰富的案例资源。因此，需要建立有效的案例收集与整理机制。这可以通过多种途径实现，如与行业协会、企业合作，收集实际工作中的典型案例；利用网络资源，收集公开可获取的案例资料；鼓励学生和教师积极参与案例创作，将学习过程中的思考和经验转化为可分享的案例资源等。在收集到案例资源后，还需要进行系统的整理和分类，以便师生能够快速找到符合自己需求的案例并进行学习。

（四）实现案例资源共享与更新

案例库的价值在于其共享性。因此，在案例库建设的过程中，应注重实现资源的共享与更新。可以通过建立在线平台或利用现有教学管理系统，将案例库资源数字化、网络化，方便师生随时随地进行访问和学习。同时，还需要建立案例库的更新机制，定期收集新的案例资源，淘汰过时或不符合要求的案例，确保案例库内容的时效性和前沿性。此外，还可以鼓励师生对案例库中的案例进行点评、讨论和反馈，以促进案例库的持续优化和完善。

（五）加强案例库使用的培训与指导

为了充分发挥案例库在教学和学习中的作用，需要加强师生对案例库使用的培训与指导。这包括介绍案例库的使用方法、检索技巧以及案例分析的基本步骤和方法等。通过培训和指导，可以帮助师生更好地掌握案例库资源的使用方法，提高案例学习的效率和效果。同时，还可以组织定期的案例分享会或研讨会等活动，让师生有机会交流学习心得和经验，以促进案例教学的深入发展。

案例库的建设与共享是提升数学教学质量、促进学生实践能力的重要途径。通过明确建设目标、制定筛选标准、建立收集机制、实现资源共享和加强使用培训等措施的实施，可以构建出高质量的行业案例库资源平台，为师生提供丰富的教学和学习资源支持。

第三节　数学建模与数据分析能力的培养

一、数学建模基础教学

（一）数学建模概念与重要性阐述

数学建模作为连接数学理论与实际问题的桥梁，是数学应用能力的集中体现。它要求将现实世界中的复杂问题抽象为数学问题，通过构建数学模型，运用数学方法进行分析、求解，并验证模型的合理性和有效性。加强数学建模基础知识的教学，不仅能够提升学生的数学素养，还能够培养他们的逻辑思维、创新能力和解决实际问题的能力。在当今社会，无论是科学研究、工程技术还是经济金融等领域，数学建模都发挥着不可替代的作用，成为推动社会进步和发展的重要力量。

（二）数学建模基本步骤解析

数学建模的基本步骤包括问题理解与分析、模型假设与建立、模型求解与验证、模型优化与应用等环节。在教学过程中，应详细解析每一步骤的具体内容和要求，使学生掌握数学建模的全流程。在问题理解与分析阶段，要引导学生深入理解问题的背景、条件和目标，明确建模的目的和意义。在模型假设与建立阶段，要指导学生根据问题的特点，合理提出假设条件，构建符合实际情况的数学模型。在模型求解与验证阶段，要教授学生运用数学软件和工具进行模型求解，并通过实验数据或实际情况对模型进行验证。在模型优化与应用阶段，要鼓励学生不断优化模型结构，提高模型的精度和适用性，并将模型应用于解决实际问题中。

（三）数学建模方法与技巧传授

数学建模涉及多种数学方法和技巧，如线性规划、非线性规划、最优化方法、微分方程、概率统计等。在教学过程中，应根据学生的实际情况和教学目标，有选择地传授这些方法和技巧。要重点讲解每种方法的适用范围、基本原理和操作步骤，并通过练习题和思考题帮助学生巩固所学知识。同时，还要注重培养学生的创新思维和解决问题的能力，鼓励他们在建模过程中尝试不同的方法和思路，以寻求最优解或近似解。

（四）数据收集与处理能力培养

数学建模离不开数据的支持。因此，在教学过程中，要注重培养学生的数据收集与处理能力。要指导学生掌握数据收集的方法和途径，了解数据来源的可靠性和准确性。同时，还要教授学生运用数学软件进行数据清洗、整理和分析的技巧，提高数据处理的效率和准确性。通过实际操作和练习，使学生能够熟练运用数学软件来进行数据处理和分析工作。

（五）强化实践环节与综合应用

数学建模是一门实践性很强的学科。在教学过程中，要注重强化实践环节和综合应用能力的培养。可以通过组织数学建模竞赛、开展课题研究等方式，让学生参与实际问题的建模过程，体验数学建模的乐趣和挑战。同时，还要鼓励学生将所学知识应用于解决实际问题中，如参与科研项目、社会服务活动等，以提高他们的实践能力和创新能力。

（六）培养批判性思维与团队协作能力

数学建模过程中往往需要面对复杂多变的问题和情况，需要学生进行深入思考和综合分析。因此，在教学过程中要注重培养学生的批判性思维能力和团队协作能力。要引导学生学会质疑和反思，勇于提出自己的见解和想法；同时，还要鼓励他们与同学合作交流，共同解决问题。通过团队合作的方式完成建模任务，不仅可以提高学生的协作能力和沟通能力，还能培养他们的团队精神和集体荣誉感。

二、实际案例建模训练

在培养学生数学素养的征途中，实际案例建模训练是不可或缺的一环。它不仅能使学生将抽象的数学理论转化为解决实际问题的有力工具，还能在过程中显著提升学生的数学建模能力和数据分析能力。

（一）精选贴近行业需求的案例

为了确保建模训练的有效性和针对性，案例的选择至关重要。教师应广泛收集并精心挑选那些既具有代表性又贴近行业需求的实际案例。这些案例应覆盖多个领域，如金融、医疗、物流、环境保护等，以体现数学应用的广泛性。同时，案例的难度应适中，既能够激发学生的挑战欲，又能够在其能力范围内得到有效解决。通过这样的案例，学生可以深刻感受到数学与现实生活的紧密联系，增强学习的动力。

（二）明确建模目标与假设条件

在建模训练开始前，教师需要引导学生明确案例的建模目标，即希望通过数学建模解决什么问题或达到什么目的。随后，应鼓励学生根据案例的背景信息，合理设定假设条件以简化问题复杂度。这一过程是培养学生逻辑思维和抽象能力的重要环节。通过明确建模目标和假设条件，学生可以更加清晰地认识到数学模型的构建方向和边界条件，为后续的建模工作奠定坚实的基础。

（三）掌握建模方法与工具

数学建模涉及多种方法和工具，如回归分析、优化理论、概率统计等。在建模训练过程中，教师应系统介绍这些方法和工具的基本原理、使用场景及操作步骤。同时，鼓励学生通过自学和实践来掌握相关软件工具的使用，如 MATLAB、R 语言、Python 等数据分析软件。通过理论与实践相结合的教学方式，学生可以更好地理解和掌握数学建模方法与工具的应用技巧，为解决实际问题提供了有力的支持。

（四）实施建模过程与数据分析

建模训练的核心在于实施建模过程并进行数据分析。在这一阶段，学生需要根据之前设定的建模目标和假设条件，运用所学数学知识和方法构建数学模型。在模型构建完成后，还需利用数据分析工具对模型进行求解和验证。这一过程不仅考验学生的数学素养和计算能力，还要求学生具备严谨的科学态度和良好的团队协作精神。通过反复试错和不断优化模型参数，学生可以逐渐提高数学建模的准确性和可靠性。

（五）撰写建模报告与总结反思

建模训练的最后一步是撰写建模报告并进行总结反思。建模报告应清晰阐述建模背景、目标、假设条件、建模过程、数据分析结果及结论等内容。通过撰写建模报告，学生可以锻炼自己的写作能力和表达能力，同时也有助于巩固和深化对建模过程的理解和认识。此外，教师还应引导学生对建模过程进行总结反思，并分析成功经验和不足之处，以便在未来的学习和工作中不断改进和提高。

通过实际案例进行建模训练是提升学生数学建模与数据分析能力的有效途径。通过精选案例、明确目标、掌握方法、实施建模和撰写报告等环节的综合训练，学生可以逐步构建起完整的数学建模知识体系和实践能力框架，为将来在各自领域内的深入研究和应用打下坚实的基础。

三、数据分析软件应用

（一）数据分析软件的重要性认识

在当今数据驱动的时代，数据分析软件已成为科研、商业决策、市场调研等领域不可或缺的工具。它们能够高效地处理海量数据，揭示数据背后的规律和趋势，为决策提供有力的支持。因此，教授学生使用数据分析软件，不仅是提升他们数据分析能力的关键步骤，也是培养他们适应未来社会需求的重要一环。通过掌握数据分析软件，学生将能够更加快速、准确地完成数据处理和分析任务，为数学建模提供坚实的数据基础。

（二）SPSS 软件基础操作教学

SPSS 作为一款广泛应用的统计分析软件，其界面友好、功能强大，非常适合初学者使用。在教学过程中，应首先介绍 SPSS 的基本界面和操作流程，包括数据文件的打开与保存、变量视图的设置、数据视图的编辑等。随后，逐步深入讲解 SPSS 在数据描述性分析、参数检验、方差分析、回归分析等方面的应用。通过实例演示和练习，使学生掌握 SPSS 的基本操作方法和常用功能，并能够独立完成简单的数据分析任务。

（三）R 语言编程与数据分析

R 语言作为一种开源的编程语言和数据分析环境，具有强大的数据处理和图形展示能力，深受统计学家和数据科学家的喜爱。在教学过程中，应首先介绍 R 语言的基本语法和数据结构，包括向量、矩阵、数据框等。随后，讲解 R 语言在数据清洗、转换、聚合等方面的基本操作，以及如何使用 R 语言进行统计分析和数据可视化。通过编写简单的 R 脚本和函数，使学生掌握 R 语言的基本编程思想和数据分析技巧，并能够灵活运用 R 语言解决复杂的数据分析问题。

（四）软件间的比较与选择

不同的数据分析软件各有优缺点，适用于不同的场景和需求。在教学过程中，应引导学生了解不同软件的特点和适用范围，学会根据实际需求选择合适的软件工具。例如，SPSS 适合进行基本的统计分析和报告制作；R 语言则更适合进行复杂的数据处理和高级统计分析，以及图形展示和动态交互。通过对比分析不同软件的优缺点，帮助学生建立正确的软件选择观念，以提高数据分析的效率和准确性。

（五）实践操作与项目应用

理论学习是基础，实践操作是关键。在教学过程中，应注重培养学生的实践操作能力，通过设计一系列的数据分析项目，让学生在实践中掌握数据分析软件的使用方法和技巧。项目设计应紧密结合学生的所学专业和实际需求，注重问题的真实性和挑战性。通过完成项目任务，学生将能够综合运用所学知识解决实际问题，进而提高数据分析能力和创新思维能力。

（六）持续学习与技能更新

数据分析领域日新月异，新的软件工具和技术不断涌现。因此，在教学过程中应强调持续学习和技能更新的重要性。鼓励学生关注行业动态和技术发展，积极参加相关培训和交流活动，不断提升自己的数据分析能力和专业素养。同时，教师也应不断更新教学内容和方法，引入最新的数据分析技术和工具，为学生提供更加优质的教学服务。

四、数据分析报告撰写

在数据分析的完整流程中，撰写数据分析报告是至关重要的一环。它不仅是对数据分析工作的总结与呈现，更是培养学生数据解读、总结和汇报能力的关键步骤。

（一）明确报告目的与结构规划

撰写数据分析报告前，首要任务是明确报告的目的。这包括确定报告的目标受众、所需解决的问题以及期望达到的效果。基于目的，规划报告的整体结构通常包括摘要、引言、数据分析方法、结果展示、结论与建议以及附录等部分。清晰的结构规划有助于读者快速把握报告的核心内容，从而提高阅读效率。

（二）深入解读数据，提炼关键信息

数据分析报告的灵魂在于对数据的深入解读。学生需运用所学的数学建模与数据分析方法，对收集到的数据进行全面、细致的分析。在分析过程中，要注重提炼关键信息，如数据间的关联性、趋势变化、异常值等，并尝试解释这些现象背后的原因。通过深入解读数据，学生可以更准确地把握问题的本质，为后续的结论与建议提供有力的支撑。

（三）清晰呈现分析结果，注重可视化表达

数据分析报告的呈现方式应直观、清晰，便于读者理解。在结果展示部分，学生应充分利用图表、图像等可视化工具，将复杂的数据关系以直观的形式展现出来。同时，要注重文字描述的准确性和精练性，避免冗余和模糊的表达。通过清晰呈现分析结果，学生可以更好地传达数据分析的价值和意义，以增强报告的说服力。

（四）严谨论证结论，提出合理建议

结论与建议是数据分析报告的精髓所在。在得出结论时，学生应基于数据分析结果，进行严谨的逻辑推理和论证。结论应明确、具体，且与数据分析结果紧密相关。同时，针对结论中提出的问题或发现的机会点，学生应提出切实可行的建议或方案。这些建议应基于实际情况和数据分析结果，具有可操作性和前瞻性。通过严谨论证结论和提出合理建议，学生可以展示其解决问题的能力和创新思维。

（五）注重报告语言的规范性与可读性

数据分析报告作为一种专业文档，其语言应规范、准确、简洁明了。在撰写过程中，学生应注意使用专业术语和符号的正确性，避免歧义和误解。同时，要注重报告的可读性，通过合理的段落划分、标题设置和字体调整等方式来提高读者的阅读体验。此外，还应注重报告的逻辑性和连贯性，确保各部分内容之间衔接紧密、条理清晰。

（六）反复修订完善，提升报告质量

数据分析报告的撰写是一个不断修订完善的过程。学生应在完成初稿后，反复审阅和修改报告内容。在修订过程中，可以邀请教师或同学进行审阅，收集反馈意见并进行调整。同时，也要注重自我反思和总结，分析报告中存在的不足和改进空间。通过反复修订完善，学生可以不断提升数据分析报告的质量和水平，进一步锻炼其数据解读、总结和汇报的能力。

五、竞赛与项目驱动

（一）竞赛与项目驱动的意义

组织学生参与数学建模竞赛和数据分析项目，是提升学生数学建模与数据分析能力的有效途径。这类活动不仅能够检验学生所学知识的掌握程度，还能够在实战中锻炼学生的创新思维、团队协作能力和解决问题的能力。通过参与竞赛和项目，学生可以接触到更广泛、更深入的数学问题和数据分析任务，从而拓宽自己的视野，激发起学习兴趣，促进知识的内化和能力的提升。

（二）竞赛组织与实施策略

在数学建模竞赛的组织与实施过程中，应注重以下几个方面：一是选择合适的竞赛平台，确保竞赛的权威性和公平性。二是制定科学的选拔机制，鼓励更多的学生积极参与，同时确保参赛队伍的整体水平。三是提供必要的培训和指导，帮助学生熟悉竞赛流程、掌握竞赛技巧、提高竞赛水平；四是加强竞赛过程中的管理和监督，以确保竞赛的顺利进行和结果的公正性。

（三）项目设计与管理

数据分析项目的设计与管理是提升学生数据分析能力的重要环节。在项目设计时，应紧密结合学生所学专业和实际需求，选择具有挑战性和实用性的项目主题。同时，要明确项目目标、任务分工和时间节点，确保项目能够有序进行。在项目管理过程中，要注重团队协作和沟通交流，及时解决项目中遇到的问题和困难。此外，还要建立科学的评价机制，对项目成果进行客观、公正的评价，以激励学生更好地完成项目任务。

（四）竞赛与项目中的能力提升

参与竞赛和项目可以显著提升学生的数学建模与数据分析能力。首先，竞赛和项目中的实际问题往往比课本上的例题更为复杂和多样，这就需要学生综合运用所学知识进行分析和解决，从而锻炼学生的创新思维和解决问题的能力。其次，竞赛和项目中的团队协作要求学生具备良好的沟通能力和协作精神，这有助于培养学生的团队协作能力和社会适应能力。最后，竞赛和项目中的时间紧迫性和任务繁重性也要求学生具备高效的工作方法和时间管理能力，这对于学生未来的职业发展具有重要意义。

（五）反馈与反思

竞赛和项目结束后，及时反馈与反思是提升学生能力的重要环节。通过组织学生进行项目总结、经验分享和成果展示等活动，可以让学生深入了解自己在竞赛和项目中的表现和不足之处。同时，鼓励学生进行自我反思和相互评价，帮助他们认识到自己的优点和需要改进的地方。在此基础上，教师可以根据学生的反馈和反思结果，提出有针对性的改进建议和指导措施，帮助学生进一步提升数学建模与数据分析能力。

（六）建立长效机制

为了持续推动学生数学建模与数据分析能力的提升，需要建立长效机制。一方面，可以将竞赛和项目纳入课程体系或教学计划中，使其成为学生必修或选修的学习内容；另一方面，可以建立竞赛和项目的激励机制和奖励制度，如设立奖学金、颁发证书或提供实习机会等，以激发学生的学习积极性和参与热情。此外，还可以加强校际合作和校企合作，拓宽竞赛和项目的来源和渠道，为学生提供更多的实践机会和发展空间。

第六章　高职高等数学教学评价体系的创新

第一节　多元化评价体系的构建与实施

一、评价维度多元化

在高职数学教育领域，构建一个多元化、全方位的评价体系是提升教学质量、促进学生全面发展的关键。这一体系应超越传统的单一成绩评价模式，从知识掌握、技能应用、创新思维、学习态度等多个维度综合考量学生的学习成效，以更加全面地反映学生的综合素质和能力。

（一）知识掌握：基础与深度的双重考量

知识掌握是评价体系中最基础且最重要的维度之一。它不仅要求学生掌握课程的基本概念、定理和公式，还强调其对知识的深入理解和灵活运用。在评价过程中，教师应通过多样化的考试形式（如闭卷考试、开卷考试、小测验等）和题目类型（选择题、填空题、计算题、证明题等）来全面考查学生对知识点的掌握程度。同时，鼓励学生参与课堂讨论、提问和答疑，通过互动交流来加深对知识的理解和记忆。此外，教师还可以利用在线学习平台的数据分析功能，跟踪学生的学习进度和成绩变化，及时发现并解决学习中的问题和困难。

（二）技能应用：理论与实践的紧密结合

技能应用是评价学生是否能够将所学知识转化为实际能力的重要维度。在高职高等数学教学中，教师应注重培养学生的实践能力和问题解决能力。通过设计贴近实际生活的项目任务、实验操作和案例分析等教学活动，让学生在实践中运用数学知识解决问题。在评价过程中，教师应关注学生的操作过程、实验结果和解决方案的质量，以及学生在实践中所展现出的创新思维和团队合作精神。同时，应鼓励学生参与各类数学竞赛和实践活动，通过实战演练提升技能水平。

（三）创新思维：培养未来人才的核心要素

创新思维是现代社会对人才的重要要求之一。在高职高等数学教学中，教师应注重培养学生的创新思维能力和批判性思维能力。通过引入开放性问题、探究性学习和项目式学习等教学模式来激发学生的好奇心和求知欲，鼓励他们勇于尝试新的思路和方法。在评价过程中，教师应关注学生的思考过程、创新点和解决方案的独特性，以及学生是否能够在面对复杂问题时提出有效的解决方案。同时，应鼓励学生参与科研活动和学术讨论，通过交流碰撞产生新的思想火花。

（四）学习态度：持续进步的内在动力

学习态度是影响学生学习效果的重要因素之一。一种积极、主动、勤奋的学习态度能够促使学生不断追求进步和完善自我。在评价过程中，教师应关注学生的学习态度是否端正、是否具备自主学习能力和时间管理能力等。通过课堂观察、作业完成情况、学习笔记和自我反思报告等多种方式，全面了解学生的学习态度和习惯。同时，教师应注重培养学生的自律性和责任感，引导他们树立正确的学习观念和价值观。

构建多元化评价体系是高职数学教育发展的必然趋势。通过从知识掌握、技能应用、创新思维和学习态度等多个维度综合考量学生的学习成效，可以更加全面地反映学生的综合素质和能力。这一体系的实施需要教师具备较高的专业素养和教育理念更新意识，同时也需要学校和社会各界的支持和配合。只有这样，才能推动高职数学教育不断向前发展，培养出更多具有创新精神和实践能力的高素质人才。

二、评价主体多元化

（一）构建多元化评价体系的必要性

在当前的教育体系中，单一的教师评价模式往往难以全面、客观地反映学生的学习状况与成长轨迹。为了促进学生的全面发展，提升教育质量，构建多元化评价体系显得尤为重要。多元化评价体系强调评价主体的多样性，通过引入学生自评、互评以及企业评价等多方参与，形成更加全面、立体的评价视角，有助于更准确地评估学生的知识掌握、技能发展、情感态度及职业素养等多方面的能力。

（二）学生自评：培养自我反思能力

学生自评是多元化评价体系的重要组成部分，它鼓励学生成为自己学习过程的主动参与者与反思者。通过设定明确的评价标准与指标体系，引导学生定期对自己的学习成果、学习态度、学习方法等进行自我评估。学生自评不仅能够帮助他们及时发现自身存在的问题与不足，还能够培养其自我认知、自我调控的能力，为其终身学习奠定坚实的基础。此外，学生自评还能促进师生之间的有效沟通，使教师更加了解学生的需求与困惑，从而调整教学策略，提升教学效果。

（三）互评：增强团队协作与交流

互评是指学生之间相互评价学习成果与表现的过程。在互评过程中，学生需要依据一定的评价标准与原则，对同伴的学习成果进行客观、公正的评价，并给出具体的反馈与建议。互评不仅能促进学生之间的交流与合作，还能培养学生的批判性思维与同理心。通过互评，学生可以学会从不同角度审视问题，理解他人的观点与立场，从而拓宽自己的视野与思路。同时，互评还能激发学生的竞争意识与进取心，促使他们在相互比较与学习中不断进步。

（四）企业评价：接轨社会需求，提升职业素养

企业评价是多元化评价体系中不可或缺的一环。通过邀请企业专家或行业代表参与评价过程，可以更加直接地了解社会对人才的需求与期望，从而调整教育内容与教学方式，使人才培养更加贴近市场需求。企业评价通常侧重于学生的职业素养、实践能力、团队协作能力等方面的评估，这些能力对于学生未来的职业发展至关重要。通过企业评价，学生可以更加清晰地认识到自己在职业素养方面的优势与不足，从而有针对性地提升自己的综合素质与竞争力。同时，企业评价还能为学生提供宝贵的实习与就业机会，促进他们更好地融入社会与工作岗位。

（五）实施策略与保障措施

为了确保多元化评价体系的顺利实施与有效运行，需要制定一系列的实施策略与保障措施。首先，要明确评价目标与原则，确保评价活动的科学性与公正性。其次，要建立健全的评价机制与流程，包括评价标准的制定、评价方法的选择、评价数据的收集与分析等。同时，要加强评价结果的反馈与应用，将评价结果作为调整教学策略、改进教学内容、提升学生能力的重要依据。此外，还要加强评价主体的培训与指导，提升他们的评价能力与专业素养。最后，要营造积极的评价氛围与文化，鼓励学生积极参与评价活动，形成良好的评价习惯与态度。

构建多元化评价体系是提升教育质量、促进学生全面发展的重要途径。

通过引入学生自评、互评以及企业评价等多主体参与评价，可以形成更加全面、立体的评价视角，为学生的成长与发展提供更加有力的支持与保障。

三、评价手段多样化

在高职数学教育中，采用多样化的评价手段是构建全面、公正、有效的评价体系不可或缺的一环。这些手段不仅涵盖了传统的笔试形式，还融入了口试、项目报告、实践操作等多种方式，旨在从多角度、多层面全面评估学生的能力，促进其全面发展。

（一）笔试：基础知识的牢固检验

笔试作为传统且经典的评价手段，在高职数学教育中仍占据着重要地位。它主要考查学生对基本概念、定理、公式等理论知识的掌握情况，以及运用这些知识进行计算、推理和证明的能力。通过精心设计的试卷，教师可以全面地评估学生的基础知识水平，为后续的深入学习打下坚实的基础。同时，笔试的标准化和客观性也为评价结果的公正性提供了有力保障。

（二）口试：沟通表达与思维能力的展现

口试是一种能够直观展现学生沟通表达能力和思维逻辑性的评价手段。在高职高等数学教学中，教师可以通过口试的形式，要求学生就某个数学问题或概念进行阐述、解释或讨论。这不仅能够考查学生对知识的理解和掌握程度，还能够评估其语言表达的清晰性、准确性和逻辑性。此外，口试还能有效地促进学生之间的交流与互动，培养他们的团队合作精神和批判性思维能力。

（三）项目报告：综合能力的深度挖掘

项目报告是一种将理论知识与实际应用相结合的评价手段。在高职高等数学教学中，教师可以布置一些具有挑战性的项目任务，要求学生组成小组进行合作研究，并撰写项目报告。这一过程不仅要求学生具备扎实的数学基础知识，还需要他们具备良好的团队合作能力、文献检索能力、数据分析能力和问题解决能力等。通过项目报告的撰写和展示，教师可以全面评估学生的综合能力水平，以及他们在实践中所展现出的创新思维和实践能力。

（四）实践操作：动手能力的直观体现

实践操作是检验学生动手能力的重要评价手段。在高职高等数学教学中，教师可以设计一系列与课程内容紧密相关的实践操作活动，如实验操作、软件应用、模型构建等。这些活动不仅能够帮助学生巩固所学知识，还能够提高他们的动手能力和实践能力。通过实践操作的评价，教师可以直观地观察到学生的操作技能、实验态度和创新精神等方面的表现，从而更加全面地评估他们的能力水平。

此外，为了实现评价手段的多样化，教师还应注重评价方式的创新和融合。例如，可以将笔试与在线测试相结合，利用现代信息技术手段来提高评价的效率和准确性；将口试与小组讨论相结合，通过团队合作的形式来促进学生的相互学习和共同进步；将项目报告与课堂展示相结合，通过公开汇报的形式来锻炼学生的表达能力和自信心。同时，教师还应注重评价结果的反馈和应用，及时将评价结果反馈给学生和家长，帮助他们了解自己的学习情况和不足之处，并根据评价结果调整教学策略和学习方法，实现教学相长。

采用多样化的评价手段是构建全面、公正、有效的评价体系的关键。通过笔试、口试、项目报告、实践操作等多种方式的结合运用，教师可以从多角度、多层面全面评估学生的能力水平，促进其全面发展。同时，这也要求教师在评价过程中应注重评价方式的创新和融合以及评价结果的反馈和应用，以不断提高评价的科学性和有效性。

四、评价标准差异化

（一）差异化评价标准的理论基础与意义

在教育领域，差异化评价标准是基于学生个体差异、专业特性及学习层次而制定的评价体系，旨在确保评价的公平性与有效性。这一理念源于因材施教的教育原则，即认识到每位学生、每个专业乃至不同学习阶段的学生都拥有其独特的发展需求和特点。通过实施差异化评价标准，能够更精准地衡量学生的学习成果与成长进步，从而促进教育资源的合理分配与利用，最终推动教育质量的整体提升。

（二）学生个体差异与专业特性的考量

在制定差异化评价标准时，首先需要考虑的是学生之间的个体差异。这包括学生的学习能力、兴趣偏好、学习风格等多方面因素。不同学生可能对同一教学内容的理解深度、掌握速度及应用能力存在差异。因此，评价标准应灵活调整，以适应不同学生的学习特点和需求。同时，还需要充分考虑各专业的特性与要求。不同专业在知识结构、技能培养、职业素养等方面具有显著差异，这要求评价标准必须紧密结合专业特点，以确保评价的针对性和有效性。

（三）学习层次与阶段目标的对接

除了学生个体差异与专业特性，学习层次也是制定差异化评价标准时不可忽视的因素。不同学习层次的学生（如本科生、研究生等）在知识深度、广度及能力要求上存在差异。因此，评价标准应根据学习层次的不同而有所区别，以反映各层次学生的学习目标与成果要求。具体而言，对于低年级学生，评价标准可侧重于基础知识的掌握与基本技能的训练；而对于高年级学生，则应更加注重其综合应用能力、创新能力及职业素养的培养与评价。

（四）差异化评价标准的制定原则与方法

在制定差异化评价标准时，应遵循以下原则：一是科学性原则，即评价标准应基于教育规律与学科特点，确保评价的客观性与准确性。二是全面性原则，即评价标准应涵盖知识、技能、态度、情感等多个维度，全面反映学生的综合素质。三是灵活性原则，即评价标准应具有一定的弹性与可调性，以适应不同学生、不同专业及不同学习层次的需求。四是可操作性原则，即评价标准应具体明确、易于操作，便于教师、学生及企业等评价主体在实际评价过程中运用。

制定差异化评价标准的方法多种多样，包括但不限于：一是文献研究法，通过查阅相关文献资料，了解国内外关于差异化评价的研究进展与实践经验。二是专家咨询法，邀请学科专家、教育学者及企业代表等参与评价标准的制定过程，并提供专业意见与建议。三是问卷调查法，通过向学生、教师及企业等利益相关方发放问卷，收集他们对评价标准的需求与期望。四是实践探索法，在实际教学过程中不断尝试、调整与优化评价标准，确保其有效性与适应性。

（五）差异化评价标准的实施与保障

为了确保差异化评价标准的顺利实施与有效运行，需要采取一系列保障措施。首先，应加强宣传与培训，使教师、学生及企业等评价主体充分了解差异化评价的意义、原则与方法。其次，应建立健全的评价机制与流程，明确评价主体的职责与权利，确保评价活动的有序开展；同时，还应建立反馈与调整机制，及时收集评价过程中的反馈信息，对评价标准进行适时调整与优化。最后，应强化监督与评估工作，对差异化评价的实施效果进行定期评估与总结，为后续的改进与完善提供依据。

差异化评价标准是多元化评价体系中的重要组成部分。通过充分考虑学生个体差异、专业特性及学习层次等因素，制定科学合理的差异化评价标准，能够确保评价的公平性与有效性，以促进学生的全面发展与成长进步。

五、评价体系动态调整

在高职数学教育的多元化评价体系构建与实施的过程中，保持评价体系的动态调整性至关重要。这一机制旨在根据教学过程中的实时反馈、学生的学习成效评估结果以及教育理念的最新发展，对评价体系进行适时的优化与更新，以确保其始终符合时代需求，促进教育质量的持续提升。

（一）教学反馈的即时响应

教学反馈是评价体系动态调整的重要信息来源。教师应定期收集来自学生、同行教师及教学管理人员等多方面的反馈意见，包括但不限于学生对课程内容的理解程度、教学方法的适应性、评价方式的接受度等。通过细致分析这些反馈，教师可以识别出评价体系中可能存在的问题与不足，为后续的调整提供依据。例如，若多数学生反映某部分知识点难度过大，导致学习成效不佳，教师则应考虑在评价体系中增加相应的辅导环节或调整教学难度，以更好地满足学生的学习需求。

（二）评估结果的深入分析

评估结果是评价体系动态调整的直接依据。在每次评估结束后，教师应认真审视评估数据，分析学生在不同评价维度上的表现情况，如知识掌握程度、技能应用能力、创新思维水平及学习态度等。通过对比不同评价手段所得出的结果，教师可以更加全面地了解学生的学习状况，发现其优势与短板。基于这些分析结果，教师可以对评价体系进行有针对性的调整，如优化评价指标的权重分配、改进评价方法的实施细节等，以更好地反映学生的真实能力水平。

（三）教育理念的持续追踪

教育理念是影响评价体系构建与实施的深层次因素。随着教育改革的不断深入和教育理念的不断更新，评价体系也应随之发生变革。教师应密切关注国内外教育领域的最新动态，了解最新的教育理念和教学方法，如以学生为中心的教学理念、翻转课堂的教学模式等。在吸收和借鉴这些新理念、新方法的基础上，教师应结合高职数学教育的实际情况，对评价体系进行前瞻性的调整与创新，以更好地适应时代发展的需要。

（四）评价体系的持续改进策略

为了确保评价体系的持续改进，教师应采取一系列有效的策略。首先，建立定期回顾与评估机制，定期对评价体系的实施效果进行全面评估，发现问题并及时整改。其次，鼓励师生共同参与评价体系的完善工作，通过座谈会、问卷调查等方式来收集师生的意见和建议，形成师生共建共享的良好氛围。此外，教师还应注重自身专业素养的提升，不断学习新的评价理念和技术手段，以更好地服务于评价体系的构建与实施。最后，加强与其他院校的交流与合作，借鉴其成功经验与做法，共同推动高职数学教育评价体系的不断完善与发展。

评价体系的动态调整是确保其与时俱进与持续改进的关键所在。通过即时响应教学反馈、深入分析评估结果、持续追踪教育理念以及采取有效的改进策略，教师可以不断优化评价体系的结构与内容，提高评价的科学性、公正性和有效性，为高职数学教育质量的持续提升提供了有力的保障。

第二节　过程性评价与结果性评价的结合

一、明确过程性评价内容

（一）过程性评价的核心价值与意义

在教育评价体系中，过程性评价作为与结果性评价相辅相成的重要组成部分，其核心价值在于全面、动态地关注学生的学习过程，而不是仅仅聚焦于最终的学习成果。通过对学生学习过程的深入跟踪与细致评价，过程性评价能够揭示学生学习的真实面貌，促进教育公平，提升教学质量，最终实现学生的全面发展。过程性评价强调的是对学习态度的重视。学习态度是学生学习行为的内在驱动力，它直接影响着学生的学习效果与长远发展。在过程性评价中，教师会关注学生的学习态度是否积极、主动，是否具备持续学习的意愿与动力。这种评价能够激励学生端正学习态度，培养良好的学习习惯，为其终身学习奠定坚实的基础。

（二）参与度：衡量学生融入课堂的关键指标

参与度是衡量学生在学习过程中是否有效融入课堂、积极参与学习活动的重要指标。过程性评价不仅关注学生参与的数量，更重视参与的质量与深度。通过观察学生在课堂上的发言、讨论、实验操作等具体表现，教师可以评估学生对学习内容的理解程度、思维活跃度以及团队协作能力。这种评价能够鼓励学生更加积极地参与课堂活动，促进师生、生生之间的有效互动，从而提升课堂教学的整体效果。

（三）合作能力：培养未来社会所需的重要素养

在当今社会，合作能力已成为衡量个人综合素质的重要标准之一。在过程性评价中，合作能力被视作是一项关键的评价内容。通过小组合作项目、团队作业等形式，教师可以观察学生在团队中的角色定位、沟通协调能力、问题解决策略等方面的表现。这种评价不仅有助于学生认识到自己在合作中的优势与不足，还能够激发他们学习合作技巧、提升合作能力的意愿。同时，过程性评价中的合作能力评价还能够促进班级文化的建设，营造积极向上、团结协作的学习氛围。

（四）过程性评价与结果性评价的有机结合

虽然过程性评价在关注学生学习过程方面具有独特优势，但结果性评价同样不可或缺。结果性评价侧重于对学生学习成果的量化评估，如考试成绩、作品质量等，它能够直观地反映学生的学习效果与达成度。在构建多元化评价体系时，应将过程性评价与结果性评价有机结合起来，形成互补效应。一方面，通过过程性评价了解学生的学习过程与成长轨迹，为结果性评价提供丰富的背景信息。另一方面，利用结果性评价的量化结果验证过程性评价的有效性，为教学改进提供有力支持。这种有机结合的评价体系能够更加全面地反映学生的学习状况与成长变化，从而促进教育质量的持续提升。

（五）实施过程性评价的挑战与对策

在实施过程性评价的过程中，可能会面临诸多挑战，如评价标准的制定、评价工具的选择、评价数据的收集与分析等。针对这些挑战，可采取以下几点对策：一是加强教师培训，提升教师对过程性评价理念与方法的理解与掌握。二是建立科学的评价标准体系，确保评价的客观性与公正性。三是采用多样化的评价工具与手段，如观察记录、学习日志、同伴评价等，以全面收集评价信息。四是加强评价数据的收集与分析工作，运用现代信息技术手段提高数据处理效率与准确性。通过这些对策的实施，可以克服在实施过程性评价过程中遇到的困难与挑战，以确保评价工作能够顺利进行与有效实施。

二、结果性评价的精准性

在高职数学教育评价体系中，结果性评价作为衡量学生最终学习成效的关键环节，其精准性直接关系到评价体系的公正性和有效性。为了确保结果性评价能够准确反映学生的知识掌握程度和技能应用水平，必须将其与过程性评价紧密结合，形成一套既关注学习成果又重视学习过程的综合评价体系。

（一）明确评价标准，确保评价内容的全面性

结果性评价的精准性首先依赖于评价标准的明确与合理。评价标准应紧密围绕高职数学课程的教学目标，明确学生在知识掌握、技能应用、创新思维及学习态度等方面的具体要求。同时，评价标准需具备可操作性和可衡量性，便于教师在评价过程中进行客观、准确的判断。此外，评价内容应全面覆盖课程的重点与难点，以确保评价结果的全面性和代表性。通过明确而全面的评价标准，可以为学生提供一个清晰的学习导向，促进其有针对性地开展学习活动，从而提高学习成效。

（二）融合过程性数据，增强评价结果的信度

结果性评价的精准性不仅仅取决于最终的考试或测试成绩，还应充分融合学生在学习过程中的表现数据。过程性评价贯穿于整个学习过程，通过对学生日常作业、课堂参与度、小组合作情况等方面的观察与记录，可以全面了解学生的学习状态与努力程度。将这些过程性数据与结果性评价相结合，可以更加全面地反映学生的真实能力水平，避免单一评价手段可能带来的片面性和偶然性。同时，过程性评价还能为教师提供及时的反馈信息，帮助其调整教学策略和方法，促进教学质量的持续提升。

（三）采用多元化评价方法，提高评价结果的效度

为了提高结果性评价的精准性，应采用多元化的评价方法。除了传统的

笔试、闭卷考试外，还可以引入开卷考试、口试、实践操作、项目报告等多种评价方式。这些方式各有特点，能够从不同角度、不同层面考查学生的知识掌握程度和技能应用水平。例如，笔试可以考查学生的理论知识掌握情况；口试可以评估学生的沟通能力和思维逻辑性；实践操作和项目报告则能更直观地展现学生的动手能力和实践应用能力。通过多元化评价方法的综合运用，可以更加全面、准确地评价学生的学习成效，以提高评价结果的效度和可信度。

（四）注重评价反馈与改进，促进评价体系的持续优化

结果性评价的精准性不仅体现在评价结果的准确性上，还体现在评价反馈的及时性和有效性上。教师应及时将评价结果反馈给学生，帮助他们了解自己的学习状况与不足之处，并为其提供有针对性的改进建议。同时，教师还应根据评价结果反思自身的教学方法和策略，查找存在的问题与不足，并采取相应的改进措施。通过不断的反馈与改进，可以推动评价体系的持续优化和完善，进一步提高结果性评价的精准性和有效性。

结果性评价的精准性是高职数学教育评价体系构建与实施中的重要环节。通过明确评价标准、融合过程性数据、采用多元化评价方法以及注重评价反馈与改进等措施的实施，可以确保结果性评价能够准确地反映学生的知识掌握程度和技能应用水平，为促进学生的全面发展提供有力支持。

三、合理分配两者权重

（一）权重分配的重要性

在教育评价体系中，过程性评价与结果性评价的权重分配是一个至关重要的环节。合理的权重分配不仅能确保评价的全面性与公正性，还能有效引导教师的教学方向与学生的学习策略，以促进教育目标的实现。权重分配的过程是对教学目标、课程特点、学生需求等多方面因素进行综合考量与权衡

的结果，它体现了教育评价的科学性与艺术性。

（二）教学目标与权重分配的关联

教学目标是教育活动的出发点与归宿，它指引着教学过程的每一个环节。在分配过程性评价与结果性评价的权重时，必须紧密围绕教学目标进行。对于以培养学生创新精神和实践能力为主要目标的课程，可以适当增加过程性评价的权重，以鼓励学生积极参与探索性学习，培养自主学习与合作探究的能力。而对于需要掌握大量基础知识和基本技能的课程，则可能需要更多地依赖结果性评价来检验学生的学习成效。

（三）课程特点对权重分配的影响

课程特点也是影响权重分配的重要因素之一。不同类型的课程具有不同的教学内容、教学方法与评价标准。例如，实验类课程注重学生的动手能力和实践操作，因此过程性评价的权重应相对较高，以便及时捕捉学生在实验过程中的表现与变化。而理论类课程则可能更注重学生对知识的理解与掌握程度，结果性评价的权重可能会相应降低。此外，课程的难易程度、学生的基础水平等因素也可能会对权重分配产生影响，所以需要在实际操作中对权重分配进行灵活调整。

（四）动态调整与适应性原则

权重分配并不是一成不变的，而是应随着教学目标、课程特点以及学生需求的变化而进行动态调整。在实际教学中，教师可以通过观察学生的学习状态、反馈意见以及教学效果等方面的信息，对权重分配进行适时调整。例如，当发现学生在某一方面存在明显不足时，可以适当增加该方面评价的权重，以引起学生的重视并促使其改进。同时，权重分配还应遵循适应性原则，即根据不同学生群体的特点与需求进行差异化设置，以确保评价的针对性和有效性。

（五）促进综合评价体系的完善

合理的权重分配有助于促进综合评价体系的完善。在过程性评价与结果性评价相结合的评价体系中，两者各有侧重、相互补充。通过合理分配权重，可以确保评价内容的全面性与评价结果的准确性。同时，权重分配还能引导教师与学生更加关注学习过程与学习方法的改进，以促进教学质量与学习效率的提升。此外，权重分配还有助于形成积极向上的评价氛围与文化，激励学生的全面发展与个性成长。

（六）实施过程中的挑战与对策

在实施权重分配的过程中，可能会遇到一些挑战。例如，如何准确把握教学目标与课程特点以制定合理的权重分配方案？如何确保权重分配的公正性与透明度以赢得师生信任？针对这些挑战，可采取以下对策：一是加强教师培训与交流，提升教师对权重分配理念与方法的理解与掌握。二是建立明确的权重分配标准与程序，确保分配的客观性与科学性。三是加强师生沟通与反馈机制建设，及时收集师生意见与建议以优化权重分配方案。四是强化监督与评估工作力度，确保权重分配的有效实施与持续改进。通过这些对策的实施，可以克服在实施过程中遇到的困难与挑战，以确保权重分配能够顺利进行与有效实施。

四、过程性反馈与指导

在高职数学教育中，过程性评价不仅是评估学生学习进展的重要手段，更是提供即时反馈与个性化指导的关键环节。通过过程性评价，教师能够深入了解学生在学习过程中的具体表现，包括学习态度、方法运用、问题解决能力等多个方面，进而为学生提供有针对性的指导和建议，促进其全面发展。

（一）建立持续监控机制，确保反馈的及时性

为了确保过程性反馈的及时性，教师应建立一套持续监控学生学习进展

的机制。这包括定期检查学生的作业完成情况、课堂参与度、小组讨论表现等，以及利用在线学习平台等技术手段实时跟踪学生的学习轨迹。通过这些方式，教师可以及时获取学生的学习数据，并分析其学习状态和存在的问题，为后续的反馈与指导提供有力的支持。

（二）实施个性化反馈策略，满足学生差异需求

每位学生都是独一无二的个体，他们在学习风格、兴趣偏好、能力水平等方面存在差异。因此，在提供过程性反馈时，教师应采用个性化的策略，针对每位学生的具体情况给予相应的指导和建议。例如，对于学习进度较慢的学生，教师可以帮助他们分析原因，提供额外的辅导资料或学习资源；对于学习方法不当的学生，教师可以指导他们调整学习策略，以提高学习效率；对于在特定知识点上存在困难的学生，教师可以设计专项练习或提供针对性的讲解。通过个性化的反馈策略，教师可以更好地满足学生的差异需求，以促进其个性化发展。

（三）强化师生互动，促进反馈的有效性

过程性反馈的有效性不仅取决于反馈内容的准确性和针对性，还取决于师生之间的互动质量。因此，在提供反馈时，教师应注重与学生的沟通和交流，了解他们的想法和感受，鼓励他们表达自己的疑问和困惑。同时，教师还应鼓励学生相互评价和学习，通过小组合作、同伴辅导等方式促进知识共享和经验交流。通过强化师生互动，教师可以更加准确地把握学生的学习需求和问题所在，为其提供更加有效的反馈和建议。

（四）结合结果性评价，形成完整的评价体系

过程性评价与结果性评价是相辅相成的两个环节。结果性评价主要关注学生的学习成果和最终表现，而过程性评价则侧重于学生在学习过程中的表现和发展。通过将两者结合起来，可以形成一个更加完整、全面的评价体系。

在提供过程性反馈时，教师应充分考虑学生的结果性评价结果，分析其在不同评价维度上的表现差异和原因所在，为后续的指导和建议提供更加精准的依据。同时，教师还应将过程性评价的结果纳入学生的综合评价体系中，作为评价其学习成效和能力的重要依据之一。

（五）注重反馈的后续跟踪与调整

提供过程性反馈并不是一次性的任务，而是一个持续的过程。在给予学生反馈后，教师应关注其后续的学习进展和变化情况，及时跟踪其是否采纳了建议并进行了相应的改进。同时，教师还应根据学生的反馈和表现不断调整自己的教学策略和方法，以适应学生的学习需求和变化。通过注重反馈的后续跟踪与调整，教师可以不断优化自己的教学实践，以提高教学效果和质量。

过程性反馈与指导在高职数学教育中扮演着至关重要的角色。通过建立持续监控机制、实施个性化反馈策略、强化师生互动、结合结果性评价以及注重反馈的后续跟踪与调整等措施的实施，教师可以为学生提供及时、准确、有效的反馈和指导，促进其全面发展与成长。

五、综合评估学生表现

（一）综合评估的必要性

在教育评价体系中，单一的评价方式往往难以全面、准确地反映学生的真实情况。过程性评价侧重于学习过程的跟踪与评估，能够揭示学生的学习态度、参与度、合作能力等非智力因素的发展状况；而结果性评价则侧重于学习成果的量化评估，能够直观地展现学生在知识掌握、技能运用等方面的成效。将两者相结合进行综合评估，不仅能弥补单一评价方式的不足，还能更全面地了解学生的学习状况与发展潜力，为教学决策提供更加科学、合理的依据。

（二）综合评估的框架构建

综合评估的框架构建是确保评估全面性与有效性的关键。在构建框架时，应明确评估的目标、内容、方法及标准等要素。评估目标应紧密围绕教育目标与课程要求设定，确保评估的导向性；评估内容应涵盖知识、技能、态度、情感等多个维度，体现评价的全面性；评估方法应采用多样化的手段，如观察记录、作业分析、测试评价等，确保评价的客观性与准确性；评估标准则应明确具体、可操作性强，便于师生共同遵循与执行。

（三）过程性评价与结果性评价的融合策略

在综合评估中，过程性评价与结果性评价的融合是核心环节。为实现两者的有机融合，可采取以下策略：一是建立相互关联的评价指标体系，以确保过程性评价与结果性评价在评价内容、标准等方面相互呼应、相互补充。二是实施同步评价，即在学习过程中同步进行过程性评价与结果性评价，以便及时捕捉学生的学习动态与成效变化。三是加强评价结果的整合与分析，将过程性评价与结果性评价的结果进行综合分析，以形成对学生整体表现与发展潜力的全面评价。

（四）综合评估的实施步骤

综合评估的实施应遵循一定的步骤以确保评估的有序进行。首先，明确评估目标与内容，确定评估的框架与标准。其次，收集评价信息，通过多样化的评价手段来获取学生的学习过程与成果数据。再次，对收集到的评价信息进行整理与分析，形成对学生整体表现与发展潜力的初步判断。最后，根据评估结果提出有针对性的教学建议与学习指导，促进学生的全面发展与个性成长。

（五）综合评估的反馈与改进

综合评估的反馈与改进是评估工作的重要环节。通过向学生、教师及家长等利益相关方反馈评估结果，可以让他们了解学生的学习状况与发展潜力，明确改进的方向与目标。同时，还应根据评估结果反思教学过程与评价体系本身存在的问题与不足，提出有针对性的改进措施与建议。例如，针对学生在某一方面存在的不足，可以调整教学内容与方法以加强针对性教学；针对评价体系中的不足之处，可以优化评价指标与标准以提高评价的准确性与公正性。

（六）综合评估的意义与价值

综合评估的意义与价值在于它能够更加全面地反映学生的真实情况与发展潜力，为教学决策提供更加科学、合理的依据。通过综合评估，教师可以更准确地了解学生的学习需求与困难所在，从而调整教学策略与方法以更好地满足学生的学习需求；学生可以更清晰地认识自己的优势与不足从而制订更加明确的学习目标与计划；家长则可以更全面地了解孩子的学习状况与发展趋势从而给予更加有效的支持与鼓励。此外，综合评估还有助于形成积极向上的评价氛围与文化促进教育质量的持续提升。

第三节　学生自评与互评的引入与运用

一、培养学生自评能力

在高职数学教育的广阔舞台上，学生自评能力的培养不仅是提升学生自主学习能力的重要一环，更是促进学生全面发展、实现终身学习的关键途径。通过引导学生正确认识自我，学会自我反思和评估，不仅能够增强学生的自我管理能力，还能够为其在未来的学习与生活中奠定坚实的基础。

（一）树立自评意识，激发内在动力

自评能力的培养始于学生自评意识的树立。教师应在日常教学中，通过多样化的方式向学生传达自评的重要性，让学生认识到自评不仅是评价体系的有机组成部分，更是自我提升和成长的内在需求。通过设计一些引导性的问题或任务，如"你认为自己在这次作业中最满意的部分是什么？""你觉得自己在哪些方面还有待提高？"等，激发学生的自评兴趣，鼓励他们主动参与到自评过程中来。

（二）明确自评标准，提供评价框架

为了确保学生自评的有效性和准确性，教师需要与学生共同制定明确、具体的自评标准。这些标准应紧密围绕高职数学课程的教学目标，涵盖知识掌握、技能应用、问题解决能力、学习态度等多个维度。同时，教师还应提供详细的评价框架或指南，帮助学生理解如何根据这些标准进行自我评估。通过明确自评标准和提供评价框架，学生可以更加系统地审视自己的学习过程和成果，从而做出更加客观、全面的自我评价。

（三）培养反思习惯，深化自我认知

自评的过程本质上是一个自我反思的过程。为了培养学生的自评能力，教师需要引导学生养成反思的习惯。这包括在学习结束后回顾自己的学习过程、分析学习中的得失、总结经验教训等。通过反思，学生可以更加深入地了解自己的学习特点和学习需求，发现自身存在的问题和不足，并思考如何改进和提升。同时，反思还有助于学生形成积极的学习态度和价值观，从而促进其全面发展。

（四）引入互评机制，促进相互学习

自评与互评是相辅相成的。在培养学生自评能力的同时，教师还应适当引入互评机制，让学生在相互评价中学习和成长。互评不仅可以帮助学生从他人的视角审视自己的学习成果和表现，还可以增进学生之间的交流和合作。在互评过程中，教师应引导学生遵循公正、客观、尊重的原则，鼓励学生提出建设性的意见和建议。通过互评，学生可以更加全面地了解自己的优势和不足，同时也可以学习他人的优点和长处，实现共同进步。

（五）强化教师指导，提升自评效果

在学生自评和互评的过程中，教师的指导作用不可或缺。教师应密切关注学生的自评和互评情况，并及时给予反馈和指导。这包括对学生的自评结果进行点评、帮助学生识别自评中的偏差和误区、提供改进建议等。同时，教师还应鼓励学生将自评和互评的结果与自己的学习目标和计划相结合，制订具体的改进措施和行动计划。通过强化教师指导，可以进一步提升学生自评的效果和质量，促进其自我管理和自我提升能力的不断提高。

培养学生自评能力是高职数学教育中的重要任务之一。通过树立自评意识、明确自评标准、培养反思习惯、引入互评机制以及强化教师指导等措施的实施，可以帮助学生逐步建立起自我认知与成长的桥梁，为其未来的学习和生活奠定坚实的基础。

二、建立互评机制

（一）互评机制的构建基础

在教育领域，学生之间的互评作为一种有效的学习促进手段，其构建基础在于对学习过程的深刻理解和对学生主体性的充分尊重。互评不仅能增强学生的参与感与责任感，还能促进他们之间的交流与协作，共同提升学习成效。因此，制定合理的互评标准和流程，是确保互评机制有效运行的前提。

（二）互评标准的制定原则

互评标准的制定应遵循以下原则：一是明确性，即标准应清晰、具体，

便于学生理解和操作。二是客观性，即标准应基于事实，减少主观臆断，确保评价的公正性。三是全面性，即标准应涵盖学习过程的多个方面，如学习态度、参与度、合作能力、成果质量等，以全面反映学生的学习状况。四是可衡量性，即标准应具有可操作性，便于学生根据标准进行评价打分。

（三）互评流程的设计要点

互评流程的设计应注重以下几点：一是前期准备，包括向学生介绍互评的意义、目的、标准及流程，以确保每位学生都能明确自己的角色与任务；二是分组安排，根据课程特点和教学目标，合理划分互评小组，确保小组成员之间具有一定的互补性。三是实施评价，学生按照互评标准，对小组内其他成员的学习过程与成果进行评价打分，并给出具体的反馈意见。四是总结反思，组织学生进行互评结果的总结与反思，讨论评价过程中的收获与不足，提出改进建议。

（四）学生自评与互评的引入策略

为了顺利引入学生自评与互评机制，可采取以下策略：一是营造氛围，通过课堂讨论、案例分析等方式，让学生认识到自评与互评的重要性与必要性。二是示范引导，教师可提供自评与互评的示例，帮助学生理解评价标准与流程。三是逐步推进，先从小范围、低难度的评价任务开始，逐步扩大评价范围与难度，让学生逐步适应自评与互评的方式。四是强化反馈，及时给予学生自评与互评的反馈意见，帮助他们发现问题、改进不足。

（五）互评机制的优势与挑战

互评机制的优势在于能够增强学生的参与感与责任感，促进他们之间的交流与协作，提升学习成效。同时，互评还能帮助学生从不同角度审视自己的学习状况，发现自身的优点与不足，从而制订更加明确的学习目标与计划。然而，互评机制也面临着一些挑战，如学生可能因主观偏见影响评价的公正性；评价标准的理解可能存在偏差；互评结果的处理与利用可能不够充分；等等。针对这些挑战，教师需要加强引导与监督，以确保互评机制的有效运行。

（六）互评机制的持续优化

互评机制的持续优化是确保其长期发挥作用的关键。在实践中，教师应根据学生的反馈与评价结果，不断调整和完善互评标准与流程。例如，可以根据学生的学习进展与需求，适时增加或调整评价维度；也可以引入更加科学的评价方法与技术手段，以提高评价的准确性与效率；还可以加强对学生自评与互评能力的培训与指导，帮助他们更好地掌握评价技巧与方法。通过这些措施的实施，可以不断优化互评机制，促进其在教育实践中的广泛应用与深入发展。

三、确保评价公正性

在高职数学教育评价体系中，学生自评与互评作为促进学生自主学习、增强学习责任感的重要手段，其公正性与客观性直接关系到评价结果的有效性和可信度。为了确保学生自评与互评的公正性，防止主观臆断和偏见，需要采取一系列措施来构建和完善评价机制。

（一）制定明确的评价标准与指南

确保学生自评与互评公正性的首要任务是制定明确、具体且可操作的评价标准与指南。这些标准应紧密围绕高职数学课程的教学目标和学习要求，涵盖知识掌握、技能运用、学习态度、创新思维等多个维度。同时，评价标准应清晰界定各个维度的具体表现特征和水平层次，为学生提供明确的评价参照。通过制定详细的评价指南，帮助学生理解如何根据标准进行自我评估和相互评价，以减少评价过程中的随意性和主观性。

（二）加强评价过程的透明度与规范性

为了提高评价过程的透明度与规范性，教师应向学生详细解释评价的目的、方法、步骤和注意事项，以确保每位学生都能充分了解评价流程和要求。在自评与互评过程中，教师应鼓励学生遵循公正、客观、尊重的原则，避免个人偏见和情感因素的影响。同时，教师可以通过观察、记录、反馈等方式，对评价过程进行监督和指导，确保评价活动的有序进行。此外，教师还可以采用匿名评价、多人评价等方式来增加评价结果的客观性和可靠性。

（三）培养评价者的专业素养与道德观念

学生作为自评与互评的主体，其专业素养和道德观念对于评价结果的公正性具有重要影响。因此，教师需要注重培养学生的评价素养，包括评价意识、评价能力、评价态度等方面。通过开设专门的评价课程或讲座，向学生传授评价知识和技能，帮助他们掌握科学、合理的评价方法。同时，教师还应注重培养学生的道德观念，引导他们树立公正、客观、尊重他人的评价态度，避免在评价过程中出现偏见和歧视。

（四）建立反馈与改进机制

为了确保学生自评与互评的公正性和客观性能够得到持续改进，需要建立有效的反馈与改进机制。教师可以定期收集和分析学生的自评与互评结果，发现其中存在的问题和不足，并及时向学生反馈。同时，教师还可以组织学生进行讨论和交流，分享评价经验和方法，促进相互学习和提高。在反馈过程中，教师应注重保护学生的自尊心和积极性，以建设性的方式提出改进建议。此外，教师还可以根据评价结果来调整教学策略和方法，以提高教学效果和质量。

（五）融合多种评价方式，形成综合评价体系

为了确保评价结果的全面性和公正性，可以融合多种评价方式，形成综

合评价体系。除了学生自评与互评外，还可以引入教师评价、同伴评价、项目评价等多种评价方式。这些评价方式各具特点，可以从不同角度、不同层面反映学生的学习情况和能力水平。通过融合多种评价方式，可以更加全面、客观地评价学生的学习成效和发展潜力，为学生的学习和成长提供更加有力的支持。

确保学生自评与互评的公正性和客观性是一项复杂而细致的工作。通过制定明确的评价标准与指南、加强评价过程的透明度与规范性、培养评价者的专业素养与道德观念、建立反馈与改进机制以及融合多种评价方式等措施的实施，可以构建一个科学、合理、公正的评价体系，为学生的自主学习和全面发展提供有力的保障。

四、利用评价结果促进学习

（一）评价结果的价值认知

在教育过程中，学生自评与互评的结果不仅是简单的分数或评价，它们还蕴含着丰富的信息与价值，是学生学习成长的宝贵反馈。这些结果能够客观地反映学生在学习过程中的表现、努力程度以及所取得的成就，同时也揭示了学生在某些方面可能存在的不足与挑战。因此，将自评和互评结果作为学生学习改进的依据，对于帮助学生明确学习方向和目标，促进他们的全面发展具有重要意义。

（二）结果分析：洞察学习现状

对自评与互评结果进行深入分析是有效利用这些结果的前提。教师应引导学生学会分析自己的评价结果，识别自己的优势领域与待改进之处。同时，教师也应参与评价结果的解读，从专业的角度为学生提供更加全面、深入的反馈。通过这一过程，学生可以更加清晰地认识自己的学习现状，包括知识的掌握程度、技能的应用能力、学习态度的端正与否等方面。

（三）目标设定：明确学习方向

基于评价结果的分析，学生应进一步设定明确的学习目标。这些目标应具有针对性、可衡量性和可实现性，能够具体指导学生的学习行为。例如，针对某次自评中发现的阅读理解能力不足的问题，学生可以设定一个提高阅读速度和理解能力的目标，并制订相应的学习计划。目标的设定不仅有助于学生明确学习方向，还有助于激发他们的学习动力，促使他们更加积极地投入学习活动中。

（四）策略制定：优化学习方法

为了实现设定的学习目标，学生需要制定相应的学习策略。这些策略应针对个人特点和学习需求进行个性化设计，包括选择合适的学习资源、调整学习节奏、采用有效的学习方法等。例如，对于需要提高英语口语能力的学生来说，他们可以选择参加英语角、观看英文电影或进行在线口语练习等方式来加强口语训练。同时，学生还应学会反思自己的学习过程，不断调整和优化学习策略以适应新的学习需求。

（五）实施与调整：持续进步的关键

学习目标的实现并不是一蹴而就的过程，而是需要学生在实践中不断尝试、调整和完善。在实施学习计划的过程中，学生应保持积极的心态和坚定的信念，勇于面对困难和挑战。同时，他们还应定期对自己的学习进展进行评估和反思，及时调整学习计划和学习策略以适应新的学习情境。这种持续的学习与调整过程将有助于学生不断积累经验和提升能力，最终实现学习目标的达成。

（六）建立支持网络：促进共同成长

在利用评价结果促进学习的过程中，学生还应积极寻求外部支持。这包括与同学之间的互助合作、向教师请教问题以及利用学校提供的各种学习资源等。通过建立支持网络，学生可以更加高效地解决学习中遇到的问题和困惑，同时也能够从他人的经验和智慧中汲取营养和灵感。这种相互支持、共同成长的氛围将有助于学生更好地应对学习挑战并取得更加优异的成绩。

（七）评价结果的长期价值

需要强调的是评价结果的长期价值。自评与互评结果不仅能够帮助学生在短期内明确学习方向和目标并优化学习方法，还能够在长期内促进学生的自我认知和自我发展。通过不断对自己的学习进行评价和反思，学生可以逐渐形成自我驱动的学习习惯和能力，为未来的学习和生活奠定坚实的基础。因此，教师应充分重视评价结果的利用价值并引导学生积极应对评价结果带来的挑战和机遇。

五、教师的角色转变与引导

在高职数学教育的评价体系中，学生自评与互评的引入不仅是对传统教学模式的革新，更是对学生主体地位的充分尊重。在这一过程中，教师的角色发生了深刻转变，从传统的知识传授者转变为评价活动的引导者和监督者。这一角色的转变要求教师具备更高的专业素养和教育智慧，以确保评价活动的顺利进行和评价结果的公正有效。

（一）引导学生树立正确的评价观念

在学生自评与互评的初期，教师的首要任务是引导学生树立正确的评价观念。这包括让学生认识到评价不仅是对学习成果的检验，更是促进自我认知、提升学习能力的过程。教师需要向学生明确评价的目的、意义和价值，帮助他们理解评价活动的重要性和必要性。同时，教师还应强调评价的公正性、客观性和尊重性，引导学生以积极、开放的心态参与评价活动，避免主观臆断和偏见的影响。

（二）提供评价工具与方法的指导

为了确保学生自评与互评的有效进行，教师需要为学生提供必要的评价工具和方法指导。这包括制定详细的评价标准、设计科学合理的评价量表、教授有效的评价技巧等。教师应根据高职数学课程的特点和学生的学习需求，制定符合实际的评价标准，确保评价内容的全面性和针对性。同时，教师还应向学生介绍评价量表的使用方法，帮助他们掌握量化评价和质性评价的技巧。此外，教师还应通过示范、讲解等方式，向学生传授有效的评价方法和策略，以提高他们的评价能力和水平。

（三）监督评价过程，确保公正性

在学生自评与互评的过程中，教师需要密切监督评价活动的进行，以确保评价的公正性和客观性。这包括观察学生的评价行为、收集评价数据、分析评价结果等。教师应关注学生的评价态度和方法，及时发现并纠正评价过程中的偏差和错误。同时，教师还应通过定期检查、随机抽查等方式，确保评价数据的真实性和可靠性。在评价结果的分析过程中，教师应注重对学生个体差异的尊重和理解，避免"一刀切"的评价方式。通过全面的监督和指导，教师可以确保评价活动的顺利进行和评价结果的公正有效。

（四）促进评价结果的反馈与应用

评价结果的反馈与应用是学生自评与互评的重要环节。在这一环节中，教师需要发挥积极的引导作用，帮助学生充分利用评价结果来促进自我提升和发展。首先，教师应及时向学生反馈评价结果，让他们了解自己的优点和不足。在反馈过程中，教师应注重采用鼓励性、建设性的语言，帮助学生树立信心、明确方向。其次，教师应引导学生根据评价结果来制订个性化的学习计划和发展目标，鼓励他们制定具体的改进措施和行动计划。同时，教师还应关注学生在后续学习中的表现和发展情况，并及时给予必要的指导和支持。通过评价结果的反馈与应用，教师可以帮助学生实现自我认知的深化和学习能力的提升。

（五）持续反思与调整教学策略

在学生自评与互评的过程中，教师不仅是引导者和监督者，更是反思者和调整者。教师应根据学生的评价反馈和自身的教学实践，不断反思教学策略和方法的有效性，及时进行调整和优化。这包括调整教学内容、改进教学方法、优化教学资源等。通过持续的反思和调整，教师可以更好地适应学生的学习需求和发展特点，从而提高教学效果和质量。同时，教师还应关注教育理论和研究动态的发展变化，不断学习和更新自己的教育理念和教学知识，以更好地指导学生自评与互评活动的进行。

教师在学生自评与互评过程中扮演着引导者和监督者的关键角色。通过引导学生树立正确的评价观念、提供评价工具与方法的指导、监督评价过程确保公正性、促进评价结果的反馈与应用以及持续反思与调整教学策略等措施的实施，教师可以充分发挥自身的作用和价值，为学生自评与互评活动的顺利进行和评价结果的公正有效提供有力的保障。

第四节　评价标准与方法的创新与调整

一、紧跟时代发展趋势

（一）教育评价领域的时代脉搏

在当今这个日新月异的时代，教育评价作为推动教育质量提升的关键环节，正经历着前所未有的变革。随着科技的飞速发展和社会需求的不断演变，教育评价领域涌现出一系列新理念、新技术和新方法，为教育评价的创新与调整提供了广阔的舞台。紧跟时代发展趋势，及时更新评价标准和方法，已成为教育领域不可回避的重要课题。

（二）新理念引领评价变革

教育评价的新理念强调以学生为中心，注重全面发展与个性化评价。这要求我们在制定评价标准时，不仅要关注学生的知识掌握情况，更要重视其创新能力、批判性思维、情感态度以及社会责任感等非智力因素的发展。同时，应倡导多元化评价体系，鼓励学生参与评价过程，实现评价主体、评价方式和评价内容的多元化，以更全面地反映学生的真实水平和发展潜力。

（三）新技术赋能评价创新

信息技术的飞速发展为教育评价带来了前所未有的机遇。大数据、人工智能、云计算等技术的应用，使教育评价能够更加精准、高效地进行。通过收集和分析学生在学习过程中产生的海量数据，可以实时掌握学生的学习状态和学习成效，为个性化教学提供有力支持。同时，智能评价系统的开发与应用，能够实现对学生学习过程的全程跟踪与评估，为评价结果的客观性和准确性提供有力的保障。

（四）新方法推动评价实践

在教育评价方法的创新与调整中，我们不断探索和尝试新的评价方式。例如，采用项目式学习评价，通过学生完成具体项目的过程和成果来评价其综合能力；实施表现性评价，关注学生在真实情境中的表现与问题解决能力；引入同伴评价和自我反思评价，增强学生的主体意识和自我评价能力。这些新方法的应用，不仅丰富了评价手段，也提高了评价的针对性和有效性。

（五）评价标准的动态调整

面对快速变化的社会需求和教育环境，评价标准的动态调整显得尤为重要。我们应定期审视现有的评价标准是否仍然符合时代要求和学生的发展需求，及时进行调整和优化。在调整过程中，要充分考虑学科特点、学生年龄阶段以及教育目标等因素，确保评价标准的科学性和合理性。同时，也要关注国际教育评价的发展趋势和先进经验，积极借鉴和引进有益成果，推动我国教育评价体系的不断完善和发展。

（六）教师专业素养的提升

教育评价的创新与调整离不开教师的积极参与和有力支持。因此，提升教师的专业素养和评价能力成为关键所在。我们要加强对教师的培训和教育，帮助他们掌握新的评价理念、技术和方法，提高他们的评价意识和评价能力。同时，也要鼓励教师积极参与评价实践和研究活动，不断探索适合本校、本班学生的有效评价方式和方法，为教育评价的创新与调整贡献智慧和力量。

（七）持续优化的评价体系

教育评价体系的持续优化是一个长期而复杂的过程。我们需要不断总结经验教训，反思评价实践中的问题和不足，及时调整和完善评价体系。同时，也要加强与其他教育领域的交流和合作，共同推动教育评价的改革与发展。只有这样，我们才能构建出一个更加科学、公正、有效的教育评价体系，为培养德、智、体、美、劳全面发展的社会主义建设者和接班人提供有力保障。

二、引入先进评价技术

在当今数字化与智能化迅猛发展的时代背景下，教育领域正经历着前所未有的变革。为了进一步提升评价的科学性和精准性，引入大数据分析、人工智能等先进技术手段已成为不可逆转的趋势。这些技术的应用不仅为教育评价带来了全新的视角和方法，更为教育质量的持续提升提供了强有力的支持。

（一）大数据分析在评价中的应用

大数据分析技术的引入，使教育评价得以从传统的经验判断走向数据驱动的科学决策。通过对海量学习数据的收集、整理和分析，可以揭示出学生在学习过程中的深层次规律和特征，为评价标准的制定和方法的优化提供科学依据。具体而言，大数据分析可以帮助教师构建多维度的评价指标体系。传统评价往往侧重于对知识掌握程度的考查，而大数据分析则能够综合考量学生的学习态度、学习习惯、学习进度等多个维度，形成更加全面、立体的评价视角。同时，大数据分析还能够通过对学生学习轨迹的追踪和分析，识别出学习中的难点和痛点，为个性化教学提供依据。

此外，大数据分析还能够实现评价结果的即时反馈和动态调整。通过对学习数据的实时监测和分析，教师可以及时了解学生的学习状态和成效，并据此调整教学策略和评价标准。这种即时反馈和动态调整机制，使得评价更加灵活、高效，能够更好地适应学生的学习需求和发展变化。

（二）人工智能在评价中的创新应用

人工智能技术的快速发展，为教育评价带来了更加智能化、自动化的解决方案。通过引入人工智能技术，可以实现对学生学习过程的全面记录和智能分析，为评价提供更加精准、客观的数据支持。

一方面，人工智能技术可以应用于自动阅卷和评分。传统的阅卷和评分工作烦琐且易出错，而人工智能技术则可以通过图像识别、自然语言处理等技术手段，实现对作业、试卷等学习成果的自动批改和评分。这不仅可以大大提高阅卷效率，减轻教师负担，还可以减少人为因素对评分结果的影响，提高评分的客观性和准确性。另一方面，人工智能技术还可以用于构建智能化的评价模型。通过对学生学习数据的深度挖掘和分析，人工智能可以自动识别出学生的学习特点和潜力，并据此构建个性化的评价模型。这些模型能够根据学生的不同情况提供定制化的评价建议和指导方案，帮助学生更好地认识自己、改进学习。

（三）先进评价技术促进评价体系的持续优化

引入大数据分析、人工智能等先进技术手段，不仅提升了评价的科学性和精准性，还促进了评价体系的持续优化。这些技术手段的应用，使得教师能够更加全面地了解学生的学习情况和发展需求，为评价标准的制定和方法的调整提供有力的支持。

随着技术的不断进步和应用场景的不断拓展，评价体系将不断向更加科学、合理、人性化的方向发展。未来的评价体系将更加注重学生的全面发展和个性差异，通过多元化的评价方式和手段，全面评估学生的知识、能力、素质等多个方面。同时，评价体系还将更加注重过程性评价和形成性评价的结合，关注学生的学习过程和成长轨迹，为学生的全面发展提供更加全面、深入的支持。

引入大数据分析、人工智能等先进技术手段是提升教育评价科学性和精准性的重要途径。这些技术的应用不仅为评价标准的制定和方法的优化提供了科学依据和技术支持，还促进了评价体系的持续优化和发展。在未来的教育评价中，我们应继续探索和应用这些先进技术手段，为教育质量的持续提升贡献力量。

三、评价标准的灵活性

（一）教学目标与评价标准的契合

在教育实践中，教学目标是评价活动的核心导向，它明确了学生在学习过程中应达到的知识、技能和情感态度等方面的具体要求。因此，评价标准的灵活性首先体现在与教学目标的高度契合上。教师应深入解读课程标准和教材要求，明确每一节课、每一个单元乃至整个学期的具体教学目标，并据此设计出具有针对性的评价标准。这些标准要能够准确反映教学目标的核心要义，以确保评价活动能够直接服务于教学目标的实现。

（二）课程特点与评价标准的适应性

不同的课程具有各自独特的性质、内容和要求，这决定了其评价标准也应具有相应的适应性。例如，在理科课程中，评价标准可能更侧重于对学生逻辑思维、实验操作和数据分析能力的考察；而在文科课程中，则可能更注重对学生人文素养、阅读理解和表达能力的评估。因此，在制定评价标准时，教师应充分考虑课程特点，灵活调整评价维度和权重，以更好地适应课程教学的实际需求。

（三）学生差异与个性化评价

学生之间的个体差异是客观存在的，这种差异不仅体现在知识基础上，还包括学习习惯、兴趣爱好、性格特点等多个方面。为了确保评价的公正性和有效性，评价标准必须具备一定的灵活性，以容纳和适应学生的这种多样性。个性化评价作为一种重要的评价方式，强调根据学生的实际情况和发展需求量身定制评价标准。教师可以通过观察、访谈、问卷调查等多种方式收集学生的个性化信息，然后结合教学目标和课程特点，制定出符合学生特点的个性化评价标准。这种评价方式不仅能够更好地反映学生的真实水平和发展潜力，还能够激发学生的学习兴趣和积极性。

（四）动态调整与持续改进

评价标准并不是一成不变的，而是需要根据教学实践的反馈和外部环境的变化进行动态调整。在教学过程中，教师应密切关注学生的学习情况和评价结果的反馈，及时发现评价标准中可能存在的问题和不足，并采取相应的措施来进行改进和完善。这种动态调整的过程不仅有助于提升评价标准的针对性和有效性，还有助于促进教师对学生学习需求的深入理解和对教学目标的准确把握。同时，教师还应保持开放的心态和持续学习的精神，关注教育评价领域的新理念、新技术和新方法，不断更新自己的评价理念和技能水平，为评价标准的持续改进提供有力支持。

（五）多维度评价与综合评价

为了确保评价的全面性和准确性，评价标准应具备多维度的特点。这意味着评价不仅要关注学生的学习成果（如考试成绩、作业完成情况等），还要关注学生的学习过程（如学习态度、努力程度、合作能力等）以及学生的综合素质（如创新能力、批判性思维、社会责任感等）。通过多维度评价，可以更加全面地反映学生的整体发展状况和潜在优势。在此基础上，教师可以采用综合评价的方式对学生的表现进行整体评估。综合评价不仅关注各个评价维度的独立价值，还注重各维度之间的内在联系和相互影响，以形成对学生更加全面和深入的认识。

（六）评价标准的透明性与可操作性

评价标准的透明性是指评价标准的制定过程应公开透明，让学生和家长等利益相关者了解评价标准的具体内容和制定依据。这有助于增强评价结果的公信力和可信度。同时，评价标准的可操作性也是确保其有效实施的关键。评价标准应具体明确、易于理解和操作，以便教师和学生能够准确地把握评价要求和标准尺度。为了提升评价标准的透明性和可操作性，教师可以采用图表、示例等方式对评价标准进行直观展示和说明，同时加强与学生和家长的沟通交流，以确保他们对评价标准有充分的理解和认同。

四、强调综合评价

在教育改革不断深入的背景下，传统的以知识掌握程度为单一评价标准的模式已难以满足对学生综合素质全面评估的需求。因此，强调综合评价，即注重对学生能力、态度和价值观等多方面发展的评价，成为当前教育评价体系创新与调整的重要方向。

（一）知识掌握与能力发展的并重

综合评价首先体现在对知识掌握与能力发展的并重上。传统的评价方式往往过分强调学生对知识点的记忆和再现，而忽视了其在实际情境中运用知识解决问题的能力。因此，在构建综合评价体系时，需要将知识掌握情况与能力发展水平作为同等重要的评价维度。这要求我们在评价内容上不仅要考查学生的知识积累，还要关注其思维能力、创新能力、沟通能力等关键能力的发展。同时，在评价方式上，也应采用多元化的手段，如项目式学习、案例分析、团队合作等，以全面评估学生的能力表现。

（二）学习态度与价值观的引导

学习态度和价值观不仅是学生综合素质的重要组成部分，也是影响其未来发展的关键因素。因此，在综合评价中，必须充分关注学生的学习态度和价值观的塑造与引导。这要求我们在评价过程中，不仅要关注学生的学业成绩，还要考查其学习动力、学习习惯、学习毅力等非智力因素的表现。同时，还应注重对学生价值观的评价，如诚信、责任、尊重、合作等社会核心价值观的培育情况。通过评价引导学生树立正确的价值观，以促进其全面发展。

（三）多元化评价体系的构建

为了实现对学生综合素质的全面评价，需要构建多元化的评价体系。这包括评价主体的多元化、评价内容的多元化以及评价方式的多元化。首先，评价主体不仅应包括教师，还应包括学生本人、同伴以及家长等多元参与者。通过多方评价，可以形成对学生更为全面、客观的认识。其次，评价内容应涵盖知识、能力、态度、价值观等多个方面，以确保评价的全面性和深入性。最后，评价方式也应多样化，包括纸笔测试、口头报告、作品展示、实践操作等多种形式，以充分展现学生的个性和特长。

（四）评价结果的反馈与利用

综合评价的目的不仅在于对学生的学习情况进行评估，更在于通过评价结果的反馈与利用，促进学生的进一步发展。因此，在评价过程中，应重视评价结果的反馈与沟通。教师应及时向学生反馈评价结果，帮助学生了解自己的学习状况和发展方向，并提出具体的改进建议。同时，还应鼓励学生进行自我反思和评价，培养其自我认知和自我提升的能力。此外，学校和教育部门也应充分利用评价结果，优化教育资源配置，提升教学质量和水平。

（五）综合评价的持续改进与优化

随着教育改革的不断深入和社会发展的不断变化，综合评价体系也需要不断进行改进与优化。这就要求我们应在实践中不断探索和总结经验教训，及时调整和完善评价标准和方法。同时，还应关注教育理论和研究的最新动态，借鉴国内外先进经验，为综合评价体系的创新与发展提供有力支持。通过持续改进与优化，我们可以构建一个更加科学、合理、有效的综合评价体系，为学生的全面发展提供更加坚实的保障。

五、持续改进评价机制

（一）构建反馈循环：确保评价机制的动态性

持续改进评价机制的核心在于建立一个高效、闭环的反馈系统。这个系统应当能够全面收集教学过程中的各类反馈信息，包括学生的学习表现、教师的教学反思、同行评价以及外部专家的建议等。这些信息通过有效的渠道汇聚到评价机制的核心，成为优化评价标准和方法的重要依据。同时，反馈系统还应确保信息的及时性和准确性，以便迅速响应教学实践中出现的问题，调整评价策略，实现评价机制的动态更新。

（二）多维度教学评估：全面审视教学成效

为了更准确地把握教学成效，评价机制应包含多维度的教学评估。这包括对学生学习成果的量化评估，如考试成绩、作业完成情况等；也包括对学生学习过程和学习态度的质性评估，如课堂参与度、合作精神、创新能力等。此外，还应关注教师的教学方法和教学策略的有效性，以及教学资源的配置和利用情况。通过多维度的教学评估，可以全面揭示教学中存在的问题和不足，为评价标准的优化提供丰富的数据支持。

（三）评价标准的迭代更新：适应时代发展与教育变革

随着时代的发展和教育的变革，评价标准也需要不断迭代更新。这要求评价机制具备前瞻性和灵活性，能够敏锐捕捉教育领域的新理念、新技术和新方法，及时将其融入评价标准之中。同时，评价机制还应根据教学实践的反馈和评估结果，对评价标准进行定期审查和修订，确保其始终符合教育目标和学生的发展需求。通过不断迭代更新评价标准，可以推动教育评价体系的持续进步和完善。

（四）强化教师培训与支持：提升评价素养与能力

教师是评价机制的重要执行者，其评价素养和能力直接关系到评价结果的准确性和有效性。因此，在建立持续改进评价机制的过程中，必须强化教师培训与支持工作。这包括组织教师参加评价理论、方法和技术的培训，提升其评价素养；鼓励教师参与评价实践和研究活动，积累评价经验；建立教师评价共同体，促进教师之间的交流与合作；为教师提供必要的评价工具和资源支持，减轻其评价负担。通过这些措施的实施，可以有效提升教师的评价素养和能力，为评价机制的持续改进提供了有力的保障。

（五）注重评价方法的创新与实践：探索多元化评价路径

评价方法的创新是评价机制持续改进的重要动力。在评价实践中，应积极探索多元化评价路径，如采用表现性评价、项目式学习评价、同伴评价和自我反思评价等多种评价方式相结合的方法。这些评价方法各具特色，能够更加全面地反映学生的真实水平和发展潜力。同时，还应关注新技术在评价中的应用，如利用大数据、人工智能等技术提升评价的精准度和效率。通过不断创新和实践评价方法，可以推动评价机制的持续优化和升级。

（六）建立激励机制与责任追究制度：保障评价机制的有效运行

为了确保评价机制的有效运行和持续改进，必须建立相应的激励机制与责任追究制度。这包括设立评价优秀奖励制度，对在评价工作中表现突出的个人或团队给予表彰和奖励；建立评价失误问责机制，对在评价过程中出现的严重失误或违规行为进行严肃处理。通过这些措施的实施，可以激发教师和学生的积极性和责任感，保障评价机制的公正性和权威性。同时，还应加强对评价机制运行情况的监督和评估工作，以确保其始终沿着正确的方向前进并发挥应有的作用。

参考文献

[1] 程艳，车晋 . 高等数学教学理念与方法创新研究 [M]. 延吉：延边大学出版社，2022.

[2] 孟玲 . 高等数学教学理论及其研究 [M]. 长春：吉林大学出版社，2022.

[3] 殷俊峰 . 高等数学教学的理论与实践应用研究 [M]. 长春：吉林出版集团股份有限公司，2022.

[4] 宋玉军，周波 . 高等数学教学模式与方法探究 [M]. 长春：吉林出版集团股份有限公司，2022.

[5] 吴海明，梁翠红，孙素慧 . 高等数学教学策略研究和实践 [M]. 北京：中国原子能出版社，2022.

[6] 杜建慧，卢丑丽 . 高等数学的教学与实践研究 [M]. 延吉：延边大学出版社，2022.

[7] 余亚辉，魏巍，李振平 . 高等数学课程思政教学设计 [M]. 北京：中国建材工业出版社，2022.

[8] 李淑香，张如 . 高等数学教学浅析 [M]. 天津：天津科学技术出版社，2021.

[9] 蒋百华 . 高等数学教学的方法与策略 [M]. 沈阳：辽宁大学出版社，2021.

[10] 陈业勤 . 高等数学课程与教学论 [M]. 西安：西北工业大学出版社，2020.

[11] 吴建平 . 高等数学教育教学的研究与探索 [M]. 哈尔滨：哈尔滨地图出版社，2020.

[12] 李奇芳 . 高等数学教育教学研究 [M]. 长春：吉林出版集团股份有限公司，2020.

[13] 储继迅，王萍 . 高等数学教学设计 [M]. 北京：机械工业出版社，2020.

[14] 张欣 . 高等数学教学理论与应用研究 [M]. 延吉：延边大学出版社，2020.

[15] 李燕丽，刘桃凤，冀庚 . 立德树人在高等数学教学中的实践 [M]. 长春：吉林大学出版社，2020.

[16] 杨丽娜 . 高等数学教学艺术与实践 [M]. 北京：石油工业出版社，2019.

[17] 刘志林 . 高职高等数学教学模式探析 [J]. 泰州职业技术学院学报 ,2022(4)：9-12.

[18] 崔俊明，邓泽民 . 我国高职高等数学教学研究综述 [J]. 职教论坛 ,2021(10)：72-77.

[19] 陆彤彤 . 基于思维导图的高职高等数学教学方法研究 [J]. 智库时代 ,2023(20)：142-144.

[20] 刘和英，张鑫，耿姝玥 . 高职高等数学教学中思政元素的融入 [J]. 科学咨询（教育科研）,2023(5)：147-149.

[21] 宁双明 . 基于 OBE 理念下的高职高等数学教学改革的探析 [J]. 中国航班 ,2023(19)：200-202.

[22] 黄爱梅 . 课程思政融入高职高等数学教学的探索研究 [J]. 读与写 ,2022(34)：10-12.

[23] 陈玉清 ."互联网 +"背景下高职高等数学教学模式的创新研究 [J]. 创新创业理论研究与实践 ,2022(17)：138-141.

[24] 董晓媛 . 智慧教育背景下高职"高等数学"教学的改革研究 [J]. 教育教学论坛 ,2022(35)：81-84.

[25] 陈欢 . 基于信息化的高职高等数学教学改革与探究 [J]. 办公室业务 ,2022(17)：98-100.

[26] 李海霞，徐加 . 基于赛教融合高职高等数学教学改革研究 [J]. 新教育

时代电子杂志 (教师版),2022(29)：195-198.

[27] 胡乔林 . 数学文化融入高职高等数学教学研究与实践 [J]. 济南职业学院学报 ,2022(3)：27-28，104.

[28] 许聪聪，刘娜，尚娟 . 高职高等数学教学融入课程思政的探索与实践 [J]. 石家庄铁路职业技术学院学报 ,2022(2)：105-109.

[29] 张宇 . 高职高等数学教学中的数学文化渗透对策 [J]. 科学咨询（科技管理）,2021(10):224-225.

[30] 张宇 . 高职高等数学教学中实施 "课程思政" 的策略 [J]. 科学咨询（教育科研）,2021(41)：80-81.

[31] 雷瑞兴 . 数学文化融入高职高等数学教学探寻 [J]. 现代职业教育 ,2021(27)：176-177.

[32] 张宇 . 基于 "互联网 +" 时代高职高等数学教学模式研究 [J]. 科学咨询（教育科研）,2021(09)：79-80.

[33] 蒋军军 . 高职高等数学教学中实施课程思政的措施研究 [J]. 现代职业教育 ,2021(19)：130-131.

[34] 田晓欢，王小芹，张晓勇 . 基于 MATLAB 的高职高等数学教学案例研究 [J]. 数学学习与研究 ,2021(8)：80-81.

[35] 李海霞，杨戟 . 基于课程思政理念的高职高等数学教学改革探索 [J]. 新教育时代电子杂志 (教师版),2021(15)：249，254.

[36] 刘红 . 高职高等数学教学中实施课程思政的策略 [J]. 公关世界 ,2020(20)：104-105.

[37] 景杰 . 高职高等数学教学中的数学文化渗透对策 [J]. 现代职业教育 ,2020(13)：174-175.

[38] 王娟 . 基于过程化考核等模式的高职高等数学教学改革 [J]. 数学学习与研究 ,2020(4)：18.